U0268149

机械加工设备

主　编　李　莉　刘彩琴
副主编　王卓群　许丽华　马雪芳
参　编　白雪宁　王丽敏　宋建平　安翠国
主　审　高英敏　钟　健

北京理工大学出版社
BEIJING INSTITUTE OF TECHNOLOGY PRESS

内 容 简 介

本书以提高职业院校机械类专业学生的专业知识和技能为目的，在阐述机床基本理论的同时强调适用性，便于读者理解和学习。本书共分为八个项目，每个项目又分为若干个学习任务，主要论述了机床传动的基础知识，车床、铣床等的传动系统及典型结构，数控机床的传动系统和典型结构。

本书可作为高等职业技术院校和高等专科院校机械类专业及相关专业的教学用书，也可作为成人高等教育相关专业的教学用书，同时也可供相关专业的工程技术人员学习和参考。

本书配有电子课件及相关的课程视频、动画、任务页等教学资源，凡使用本书作为教材的教师可免费领取和下载。

图书在版编目（CIP）数据

机械加工设备 / 李莉，刘彩琴主编. -- 北京：北京理工大学出版社，2021.6

ISBN 978 - 7 - 5763 - 0003 - 1

Ⅰ. ①机… Ⅱ. ①李… ②刘… Ⅲ. ①机械加工 - 机械设备 Ⅳ. ①TG5

中国版本图书馆 CIP 数据核字（2021）第 136502 号

出版发行／北京理工大学出版社有限责任公司

社　　址／北京市海淀区中关村南大街 5 号

邮　　编／100081

电　　话／（010）68914775（总编室）

　　　　　（010）82562903（教材售后服务热线）

　　　　　（010）68944723（其他图书服务热线）

网　　址／http://www.bitpress.com.cn

经　　销／全国各地新华书店

印　　刷／北京国马印刷厂

开　　本／787 毫米×1092 毫米　1/16

印　　张／9

字　　数／212 千字

版　　次／2021 年 6 月第 1 版　2021 年 6 月第 1 次印刷

定　　价／59.00 元

责任编辑／封　雪

文案编辑／封　雪

责任校对／周瑞红

责任印制／李志强

图书出现印装质量问题，请拨打售后服务热线，本社负责调换

前 言

  "机械加工设备"是中、高等工科职业院校机械专业和机电一体化专业课程体系中一门重要的技术基础课。本书是在广泛调研的基础上，根据全国机械制造专业教学指导委员会审批的教材编写大纲编写的。本书以在高等职业教育中培养生产、建设、管理和服务第一线的高等技术应用型人才为目标，采用基于工作过程的课程开发理念，以"工作过程"为导向，结合"项目教学"，把握"必需够用"的尺度，尽量使学生学习目的明确，学习方法得当，学习效果更佳。全书以最新国家相应标准为依据，力求简明易懂、深入浅出、概念精准，充分体现高职高专的教育特色。

  本书的特点：

  （1）"项目驱动"模式。以"工作过程"为导向，将知识点融入每一个任务之中。

  （2）对传统的《机械加工设备》内容进行了较大的改革，加大了数控机床相关知识所占的比例。全书按典型机床先传动后结构、从简单到复杂的逻辑排列任务。

  （3）教学资源丰富。为了辅助学生自主学习，配套有教学课件（PPT）、动画、微课以及习题等。

  本书可按不同要求的学时讲授，也可结合不同专业调整部分章节供学生自学。

  本书由邢台职业技术学院李莉、刘彩琴担任主编，邢台职业技术学院王卓群、许丽华、马雪芳担任副主编，陕西工业职业技术学院白雪宁、邢台职业技术学院王丽敏、邢台机械轧辊冶金备件炉料有限公司宋建平、石家庄理工职业学院安翠国参编。由邢台职业技术学院高英敏、深圳职业技术学院钟健主审。

  本书绪论、项目一由刘彩琴编写，项目二由李莉、宋建平编写，项目三由李莉编写，项目四由王卓群编写，项目五由王卓群、安翠国编写，项目六由白雪宁编写，项目七由许丽华编写，项目八由马雪芳、王丽敏编写，全书由李莉统稿。

  由于编者水平有限，书中难免有错误或不妥之处，敬请广大读者批评指正。

编　者

Contents

目　录

目 录

绪　　论

一、机械加工设备在国民经济中的地位

机械制造业是为用户创造和提供机械产品的行业，它是一个国家的基础行业，是国民经济发展的支柱产业。在现代机械制造业中加工机器零件的方法有许多，如铸造、焊接、锻造、冲压、切削加工和各种特种加工等，这些加工方法所用的设备统称为机械加工设备。在加工精密零件时，目前主要是依靠切削加工来达到所需要的加工精度和表面质量要求的。在一般的机械制造企业中，金属切削机床占有相当大的比重，一般在 50% 以上，金属切削机床所担负的工作量也占机器总制造量的 40%~60%，所以金属切削机床是机械制造业的主要加工设备。金属切削机床的技术水平直接影响机械制造业的产品质量和劳动生产率。

金属切削机床是指采用切削的方法，以切除金属毛坯（或半成品）的多余金属，使之成为符合零件图样要求形状、尺寸精度和表面质量的产品的机器。它是制造机器的机器，所以又称为"工作母机"或"工具机"，简称机床，其主要应用领域是船舶、工程机械、军工、农机、电力设备、铁路机车、汽车等行业。

机械制造业肩负着为国民经济各部门提供先进技术装备的任务，而机床工业是为机械制造业提供先进的制造技术和装备的工业。也就是说，机械制造业是国民经济各部门赖以发展的基础，作为工作母机的机床工业又是机械制造业的基础。显然，机床对国民经济和社会进步起着重大作用。一个国家机床工业的技术水平以及机床的拥有量，是衡量一个国家工业发达程度的重要标志之一。

二、金属切削机床的发展概况

机床是人类在改造自然的长期生产实践中，随着社会生产的发展和科学技术的进步而不断发展、不断完善的。

最原始的机床是木制的，所有运动都由人力或畜力驱动，主要用于加工木料、石料，它们并不是一种完整的机器。15—16 世纪出现铣床和磨床。我国明代宋应星所著《天工开物》中就已有对天文仪器进行磨削和铣削的记载。

现代意义上用于加工金属零件的机床，是在 18 世纪中叶才开始发展起来的。18 世纪末，发明了机动走刀架，以蒸汽机为动力，对机床进行驱动或通过天轴对机床进行集群驱动，初步具备了现代机床的雏形。在加工过程中逐渐产生了专业分工，出现了多种类型的机床。1770 年前后出现了镗削汽缸内孔用的镗床。1797 年，英国机床工业之父亨利·莫兹利（Henry Maudslay）发明了具有丝杠、光杠、进给刀架和导轨的车床。

19 世纪末至 20 世纪初，电动机取代蒸汽机，封闭的齿轮变速箱出现，使机床的结构和性能发生了根本性的变化，此时机床具备了现代的结构形式。车床、铣床、钻床、镗床、磨床、刨床、拉床、齿轮加工机床等类型的机床先后形成。

20 世纪初到 20 世纪 40 年代，随着高速钢、硬质合金刀具的使用以及电气和液压等技术的应用，机床在传动、结构、控制等方面得到了很大改进，加工精度、生产效率都有了很大提高。除通用机床外，又出现了许多变型品种和各式各样的专用机床。20 世纪 50 年代，计算机技术开始应用于机床，先后出现了数控机床、加工中心、柔性制造系统等，使机械制造业进入了一个崭新的阶段。高精度、高效率、复合化、绿色化是世界机床的发展趋势。

我国机床行业现在正高速发展。从产值来看，已经位于世界前列，但从类型上来说，我国主要以中低档机床为主，高档机床市场主要被国外占领。机床的功能部件、控制系统、刀具和测量系统，在精度、可靠性、稳定性、耐用性上，与国外先进水平的差距仍然存在。

面对这种差距，我们应以"中国制造 2025"建设制造业强国为目标，以"工业 4.0"等新智能制造技术、信息技术为指引，在"互联网＋"的基础上，以制造业数字化、网络化、智能化为核心，深入开展机床基础理论研究，加强工艺试验探究，努力掌握新技术，把握这个历史机遇，推动我国机床技术的革新与发展。

项目一　机床的识别

金属切削机床的品种和规格很多，不同机床的结构布局、加工范围、加工精度、生产率以及自动化程度等都不相同。为了便于区别、使用和管理，需要对机床进行分类和编制型号。

任务一　机床辨识

学习任务

小明是某制造企业刚入职不久的员工，他在机加工车间看到有各种各样的加工设备，如图1.1所示，你能告诉他这些分别是什么机床吗？

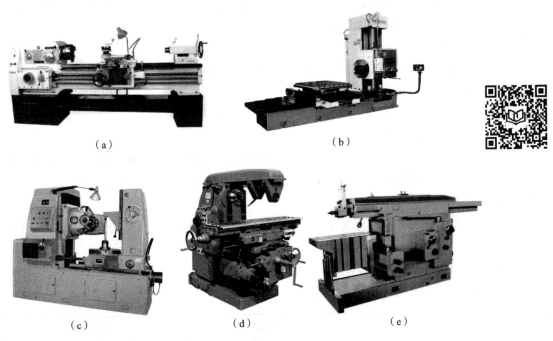

（a）　　　　　　　　　　　　　　　　（b）

（c）　　　　　（d）　　　　　（e）

图1.1　机床实物

知识要点

按有无数控系统，可将机床分为普通机床和数控机床两大类。数控机床的分类在项目六中介绍，这里介绍普通机床的分类。

1. 按加工方法、所用刀具及用途进行分类

机床可以分为11大类，分别是车床、钻床、镗床、磨床、齿轮加工机床、螺纹加工机床、铣床、刨插床、拉床、锯床和其他机床。每类机床都有自己的代号，用大写的汉语拼音字母表示，详见表1.1。

表1.1　机床类别和分类代号

类别	车床	钻床	镗床	磨床			齿轮加工机床	螺纹加工机床	铣床	刨插床	拉床	锯床	其他机床
代号	C	Z	T	M	2M	3M	Y	S	X	B	L	G	Q
读音	车	钻	镗	磨	2磨	3磨	牙	丝	铣	刨	拉	割	其

2. 按万能性进行分类

（1）通用机床。这类机床可以加工多种零件的不同工序，加工范围较广，通用性较大，但结构比较复杂。这种机床主要适用于单件小批量生产，如卧式车床、卧式镗床和万能升降台铣床等。

（2）专门化机床。这类机床的工艺范围较窄，专门用于加工某一类或几类零件的某一道（或几道）特定工序，如曲轴车床、凸轮轴车床等。

（3）专用机床。这类机床的工艺范围最窄，只能用于加工某一类零件的某一道特定工序，适用于大批量生产，如组合机床。

3. 按加工精度分类

机床按加工精度可分为普通精度机床、精密机床和高精度机床。

4. 按自动化程度分类

机床按自动化程度可分为手动、机动、半自动和自动机床。

5. 按机床质量和尺寸分类

机床按质量和尺寸，可分为仪表机床、中型机床（一般机床，10 t 以下）、大型机床（质量达到 10 t）、重型机床（质量在 30 t 以上）、超重型机床（质量在 100 t 以上）。

6. 按主要工作部件的数目分类

机床按主轴部件的数目可分为单轴、多轴机床，按刀架的数目可分为单刀、多刀机床等。

针对任务一的自我评价如表1.2所示。

表1.2　自我评价

知识与技能点	你的理解	掌握程度			
什么是金属切削机床		☺	☺	☺	☺
机床有哪11类		☺	☺	☺	☺
机床按加工精度分为哪3类		☺	☺	☺	☺
机床按万能性分为哪3类		☺	☺	☺	☺

任务二　机床型号识读

学习任务

某机床铭牌如图 1.2 所示，你知道型号 X6132C 是什么含义吗？

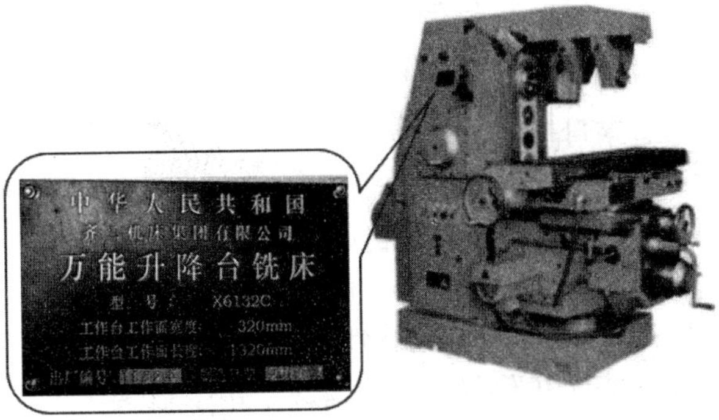

图 1.2　机床的铭牌

知识要点

机床型号是机床产品的代号，可以简明地表示机床的类型、通用特性、结构特性、主要技术参数等。

GB/T 15375—2008《金属切削机床型号编制方法》规定，机床型号采用汉语拼音和阿拉伯数字按一定规律组合而成。本标准适用于各种通用机床和专用机床，不适用于组合机床和特种加工机床。

其中通用机床型号编制如下。

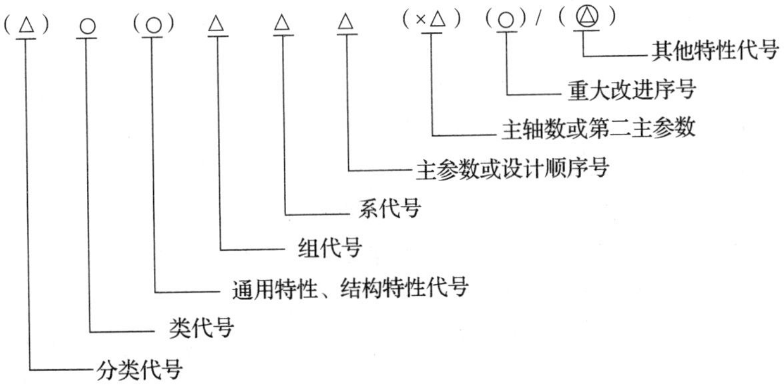

注：① 有“（）”的代号或数字，当无内容时，则不表示。若有内容则不带括号。

② 有“○”符号者，为大写的汉语拼音字母。

③ 有“△”符号者，为阿拉伯数字。

④ 有“◬”符号者，为大写的汉语拼音字母或阿拉伯数字或两者兼有之。

一、机床类代号及分类代号

类代号用大写的汉语拼音字母表示，见表1.1。类代号按其相应的汉字字意读音，例如：铣床类代号为"X"，读作"铣"。当需要时，又可分为若干分类，分类代号用数字表示，放在类代号前，第一分类不予表示。例如磨床分为"M""2M"和"3M"三个分类。

二、通用特性代号、结构特性代号

机床除有普通型，还具有某种特殊性能时，应在类代号后加上相应的通用特性或结构特性代号，用大写的汉语拼音字母表示。

1. 通用特性代号

通用特性代号有统一的含义，它在各类机床的型号中表示的意义相同。表1.3为机床的通用特性代号，可按其相应的汉字字意读音。例如，型号CK6132中的"K"表示通用特性为"数控"。如果某类型机床都有某种通用特性而无普通型，此时通用特性不用在型号中表示出来。例如，型号C1107表示单轴纵切自动车床，由于这类车床都是自动型的，所以型号中不需要编入通用特性代号"Z"。当在一个机床型号中需同时使用2~3个通用特性代号时，一般按重要程度排列顺序。例如，型号MGB1432中的"G"和"B"分别表示"高精度"和"半自动"。

表1.3　机床通用特性代号

通用特性	代号	通用特性	代号	通用特性	代号
高精度	G	数控	K	加工中心	H
精密	M	数显	X	仿形	F
自动	Z	柔性加工单元	R	轻型	Q
半自动	B	高速	S	加重型	C

2. 结构特性代号

对主参数值相同而结构、性能不同的机床，在型号中加结构特性代号予以区分。根据各类机床的具体情况，对某些结构特性代号，可以赋予一定含义。但结构特性代号与通用特性代号不同，它在型号中没有统一的含义，只在同类机床中起区分机床结构、性能的作用。当型号中有通用特性代号时，结构特性代号应排在通用特性代号之后。对于结构特性代号，通用特性代号已用过的字母和"I""O"两个字母不能用，当单个字母不够用时，可将两个字母组合起来使用。例如，型号CA6140、CY6140中的"A""Y"均为结构特性代号，表示它们在结构上有所不同。

三、机床组、系代号

机床组、系代号用两位数字表示，前者表示组，后者表示系。每类机床按其结构性能及使用范围划分为 10 个组，用 0 ~ 9 表示，详见附录 A 金属切削机床类、组划分表。同一组机床中，主参数相同，主要结构及布局形式相同的机床，划分为同一系。每个组又分为 0 ~ 9，共 10 个系，详见附录 B 通用机床组、系代号及主参数。例如，型号 CA6140 中，"6" 表示车床类 6 组，"1" 表示 6 组中的 1 系，在附表 B 中可以查出 "61" 表示的是卧式车床。

四、机床主参数或设计顺序号

机床主参数是代表机床规格大小及反映机床最大工作能力的一种参数，位于机床组、系代号之后，在型号中用折算值（主参数乘以折算系数）表示。

一般来说，以最大棒料直径为主参数的自动车床、以最大钻孔直径为主参数的钻床，其折算系数为 1，也就是以实际值写入。以床身上工件回转直径为主参数的卧式车床、以工件最大直径为主参数的大多数齿轮加工机床、以工作台宽度为主参数的立式和卧式铣床、绝大多数镗床和磨床、以额定拉力为主参数的拉床等，其折算系数为 1/10。大型的立式车床、龙门刨床、龙门铣床等折算系数为 1/100。通用机床主参数及其折算系数详见附录 B。例如，型号 X6132 中 "32" 是主参数折算值，查附录 B 可知主参数为工作台台面宽度，折算系数为 1/10。"32" 表示工作台台面宽度为 320 mm。

对于某些通用机床，无法用一个主参数表示时，在型号中用设计顺序号表示，由 01 开始。例如，型号 M0405 是某机床厂设计的抛光机，无法用一个主参数表示，那么 05 就表示设计顺序号是第五种，如果又设计了第六种抛光机，则其型号为 M0406。

五、主轴数和第二主参数

1. 主轴数的表示方法

对于多轴机床，例如多轴车床、多轴钻床和排式钻床等，其主轴数应以实际值列入型号，置于主参数之后，用 "×" 分开，读作 "乘"。单轴可省略，不予表示。

2. 第二主参数的表示方法

第二主参数是辅助主参数完整地表示机床的工作能力和加工范围的，一般不予表示。在型号中表示的第二主参数，一般折算成两位数为宜，最多不超过三位数。

一般指最大跨距、最大工件长度、最大模数、工作台工作面长度等时，以折算值列入主参数之后，并用 "×" 分开。

凡第二主参数属于长度、跨距、行程等，折算系数为 1/100；属于直径、宽度、深度值等，折算系数为 1/10；属于最大模数、厚度等以实际值表示。当折算值大于 1 时，则取整数；当折算值小于 1 时，则取小数点后第一位数，并在前面加 "0"。

六、机床的重大改进顺序号

当机床的性能和结构布局有重大改进，并按新产品重新设计、试制和鉴定时，在原机床型号的尾部，加重大改进顺序号，以区别于原机床型号。重大改进顺序号按 A、B、C……（但 "I" "O" 两个字母不得选用）顺序选用。它是在原有机床的基础上进行改进设计，因

此，重大改进后的产品与原型号的产品，是一种取代关系。

七、其他特性代号及其表示方法

其他特性代号用以反映各类机床的特性，如：对于数控机床，可用来反映不同的控制系统等；对于一机多能机床，可用以补充表示某些功能；一般机床可以反映同一型号机床的变型等。其他特性代号放在型号最后，并用"/"分开，读作"之"。

其他特性代号可用汉语拼音字母（"I""O"两个字母除外）表示，也可用阿拉伯数字表示，还可用阿拉伯数字和汉语拼音字母的组合表示。其中 L 表示联动轴数，联动轴数用数字表示，写在"L"的前边；F 表示复合。

其中，同一型号机床的变型代号应放在其他特性代号的首位。机床的部分性能结构有变化时，在原型号之后加变型代号，变型代号以数字 1、2、3……顺序表示。例如，型号 MB8240/1 表示最大回转直径为 400 mm 的、经过第一次变型的半自动曲轴磨床。

八、通用机床型号的示例

例 1 – 1 型号 CM6132 为床身上最大回转直径为 320 mm 的精密卧式车床。

例 1 – 2 型号 C2150×6 为最大棒料直径为 50 mm 的 6 轴棒料自动车床。

例 1 – 3 例如 Z3040×16 为最大钻孔直径为 40 mm，最大跨距为 1 600 mm 的摇臂钻床。

例 1 – 4 型号 THM6340/5L 表示工作台最大宽度为 400 mm 的 5 轴联动精密卧式加工中心。

针对任务二的自我评价如表 1.4 所示。

表 1.4　自我评价

知识与技能点	你的理解	掌握程度			
机床对应的 11 个类代号		😊	😊	😊	😎
通用特性代号与结构特性代号的区别		😊	😊	😊	😎
通用特性代号的具体含义		😊	😊	😊	😎
常见机床的主参数		😊	😊	😊	😎
机床型号的含义		😊	😊	😊	😎

项目二　机床的传动及调整计算

我们知道机床的种类很多，结构各异，想要对每台机床都进行研究是不太可能的。因此，需要找共性，找认识机床的办法。通过比较不同机床的传动系统，掌握机床的运动规律，从而达到正确使用和设计机床的目的。

任务一　机床表面运动分析

机床上有很多运动，以 CA6140 车床为例，分为车外圆柱面和车螺纹。请分析车床上有哪些表面成形运动？哪些是简单运动？哪些是复合运动？

机床上的运动很多，根据功用它们可以分为表面成形运动和辅助运动。

一、表面成形运动

在机床上，为了获得所需的工件表面，刀具和工件必须做一定的相对运动。这种形成加工表面的运动称为表面成形运动，简称成形运动。如图 2.1（a）所示，用尖头车刀车削外圆柱面时，表面成形运动是工件的旋转运动 B_1 和刀具平行于工件轴线方向的直线运动 A_2。如图 2.1（b）所示，用砂轮磨削外圆柱面时，表面成形运动是砂轮的旋转运动 B_1、工件的旋转运动 B_2 和工件的直线运动 A_3。

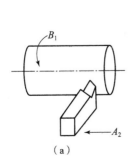

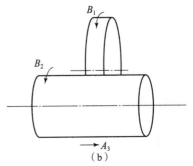

图 2.1　表面成形运动

（a）车外圆柱面；（b）磨圆柱面

1. 成形运动按其在切削过程中的作用分类

成形运动根据其在切削中所起的作用的不同可分为主运动和进给运动。

主运动是切除工件上的被切削层，使之变为切屑的最基本运动。如车床工件的旋转、钻床钻头的旋转、铣床铣刀的旋转、牛头刨床刨刀的直线运动、磨床砂轮的旋转、拉床刀具的直线运动等。

进给运动是维持切削加工过程连续不断进行的运动。主运动的速度高，消耗的功率大；进给运动的速度较低，消耗的功率也较小。任何一种机床，切削过程中主运动只有一个，进给运动可能有一个或几个，也可能没有。如拉床只有主运动，没有进给运动。图2.1（b）所示磨床的进给运动有两个，分别是工件的旋转运动和工件的直线运动。

2. 成形运动按其组成情况的分类

成形运动按其组成情况可分为简单成形运动和复合成形运动两种。

如果一个独立的成形运动是由单独的旋转运动或直线运动构成的，则此成形运动称为简单成形运动。例如，图2.1（a）、（b）中所示的各种运动都是简单成形运动。

如果一个独立的成形运动，是由两个或两个以上的旋转运动或（和）直线运动，按照某种确定的运动关系组合而成的，则称此成形运动为复合成形运动。例如，图2.2（a）所示车削螺纹时，工件的旋转运动 B_{11} 和刀具的直线移动 A_{12} 不能彼此独立，它们之间必须保持严格的运动关系，即工件每转1转时，刀具直线移动被加工螺纹的一个导程，从而工件的旋转和刀具的直线移动就组成了一个复合成形运动，它们是这个复合成形运动的两个单元运动。同理，图2.2（b）所示车削回转体成形面时，工件的旋转运动 B_1 是简单成形运动，刀具两个方向上的直线移动 A_{21} 和 A_{22} 组成了一个复合成形运动。

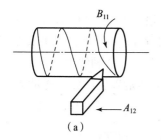 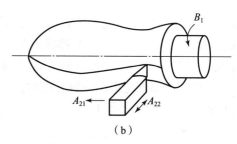

图2.2　复合成形运动

（a）车螺纹；（b）车回转体成形面

二、辅助运动

除表面成形运动外，机床在加工过程中还需完成其他一系列运动，这些运动统称为辅助运动。辅助运动的种类很多，一般包括以下几项。

（1）切入运动：刀具相对工件切入一定深度，以保证工件达到要求的尺寸。

（2）分度运动：多工位工作台和刀架等的周期转位或移位等。

（3）调位运动：加工开始前机床有关部件的移位，以调整刀具和工件之间的相对位置。

（4）各种空行程运动：切削前后刀具或工件的快速趋近和退回运动。

（5）操纵及控制运动：包括启动、停止、变速或换向等控制运动，装卸、夹紧或松开工件的运动等。

针对任务一的自我评价如表2.1所示。

表2.1　自我评价

知识与技能点	你的理解	掌握程度			
什么是表面成形运动		😀	😐	😕	😠
常见机床上的主运动和进给运动		😀	😐	😕	😠
简单成形运动和复合成形运动的区别		😀	😐	😕	😠
辅助运动有哪些		😀	😐	😕	😠

任务二　机床传动链分析

学习任务

图2.3为铣平面的传动原理，请分析铣平面需要几条传动链。

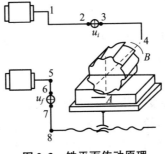

图2.3　铣平面传动原理

知识要点

一、机床传动的基本组成部分

为了实现机床加工过程中需要的各种运动，机床必须具备三个基本部分。

（1）执行件。执行机床运动的部件，如主轴、刀架、工作台等。它的任务是装夹刀具

或工件，并直接带动它们完成一定形式的运动和保持准确的运动轨迹。

（2）动力源。动力源是为执行件提供运动和动力的装置。常用的有三相异步电动机、伺服电动机、直流或交流调速电动机。

（3）传动装置。传动装置是传递运动和动力的装置。通过它把动力源的运动和动力传给执行件，同时还可完成变速、变向、改变运动形式等任务。

二、机床常用机械传动装置

机床的传动装置一般有机械传动、液压传动、电气传动、气压传动等。下面介绍几种机床常用的机械传动装置。

1. 定比传动机构

定比传动机构是传动比固定不变的机构，包括带传动、链传动、定比齿轮副、齿轮齿条副、丝杠螺母副、蜗轮蜗杆副等。

2. 换置机构

换置机构是可以变换传动比或传动方向的传动机构。如滑移齿轮变速组、离合器变速组、交换齿轮变速组、滑移齿轮变向机构、离合器变向机构等。

1）滑移齿轮变速组

机床上常用的有双联滑移齿轮变速组和三联滑移齿轮变速组。图 2.4（a）为三联滑移齿轮变速组，主动轴 I 上装有 3 个固定齿轮 z_1、z_2 和 z_3，从动轴 II 上装有三联滑移齿轮 z'_1、z'_2 和 z'_3，并以花键与轴 II 连接，可以在轴 II 上左右滑移。当它处于左位（左边的工作位置）时，齿轮 z_1 和 z'_1 相啮合；处于中位（中间的工作位置）时，齿轮 z_2 和 z'_2 相啮合；处于右位（右边的工作位置）时，齿轮 z_3 和 z'_3 相啮合。此时，如果轴 I 只有一种转速，经过三种不同的传动比 z_1/z'_1、z_2/z'_2、z_3/z'_3，轴 II 可以得到 3 种不同的转速。

滑移齿轮变速组结构紧凑，传动效率高，变速方便，能传递很大的动力，但不能在运转过程中变速，多用于机床的主要运动中。

2）离合器变速组

图 2.4（b）为端面齿离合器变速组，主动轴 I 上装有两个固定齿轮 z_1、z_2，它们分别与空套在轴 II 上的齿轮 z'_1、z'_2 啮合。端面齿离合器 M_1 与轴 II 花键相连，当离合器 M_1 向左移动时，与左边空套齿轮 z'_1 的端面齿相啮合，

轴 I 的运动由齿轮副 $\dfrac{z_1}{z'_1}$，经 M_1 传给轴 II；同理，当离合器 M_1 向右移动时，轴 I 的运动由齿轮副 $\dfrac{z_2}{z'_2}$，经 M_1 传给轴 II。当离合器 M_1 处于中间位置时，两边的空套齿轮转动，但是轴 II 不转。如果轴 I 只有一种转速，轴 II 可以得到两种不同的转速。

离合器变速组变速方便，变速时齿轮不需移动，故常用于斜齿圆柱齿轮传动中，使传动更加平稳。如果将端面齿离合器换成摩擦片离合器，则可在运转过程中实现变速。但这种变速的各对齿轮经常处于啮合状态，磨损较大，传动效率较低。离合器变速组主要用于重型机

床、采用斜齿圆柱齿轮传动的变速组（端面齿离合器）以及自动和半自动机床（摩擦片离合器）中。

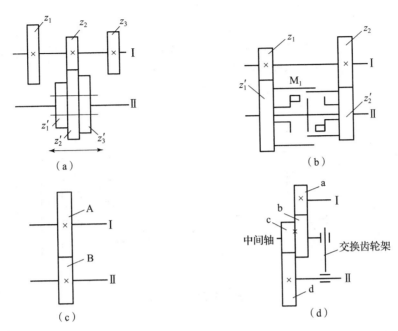

图 2.4　常用的机械变速组

3）交换齿轮变速组

交换齿轮变速组常采用一对交换齿轮或两对交换齿轮两种形式。一对交换齿轮变速组的结构简单，如图 2.4（c）所示，轴 I 和轴 II 的中心距是固定不变的，通过更换传动比不同但"齿数和"相同的齿轮副 A、B，来实现轴 II 的变速。图 2.4（d）为两对交换齿轮变速组，交换齿轮架可以绕轴 II 摆动，中间轴在交换齿轮架上可做径向调整移动，并可用螺栓紧固。交换齿轮 a 与主动轴 I 固定连接，交换齿轮 d 与从动轴 II 固定连接，交换齿轮 b、c 空套在中间轴上。首先调整中间轴的径向位置使 c、d 交换齿轮正确啮合，然后摆动交换齿轮架使交换齿轮 b 与交换齿轮 a 也处于正确的啮合位置。通过改变不同齿数的交换齿轮，起到变速的作用。

交换齿轮变速组可使变速机构简单、紧凑，但变速调整费时。一对交换齿轮的变速组刚度好，多用于主运动中；两对交换齿轮的变速组由于装在交换齿轮架上的中间轴刚度较差，一般只用于进给运动以及要求保持准确运动关系的齿轮加工机床、自动和半自动车床的传动中。

4）滑移齿轮变向机构

如图 2.5（a）所示，轴 I 上固定着一个齿数相同的双联齿轮 z_1，轴 II 上装有一个单联滑移齿轮 z_2，中间轴上装有一个空套齿轮 z_0，当滑移齿轮 z_2 处于图示位置时，轴 I 的运动经 z_0 传给齿轮 z_2，使轴 II 的转动方向与轴 I 相同；当滑移齿轮 z_2 处于左位时，与轴 I 左边的齿轮 z_1 啮合，轴 I 的运动直接经齿轮 z_2 传给轴 II，使轴 II 的转动方向与轴 I 相反，实现了变向。

这种变向机构刚度好，多用于主运动中。

5）圆锥齿轮和端面齿离合器变向机构

如图 2.5（b）所示，轴 I 上装有一个固定圆锥齿轮 z_1，轴 II 上装有两个齿数相同的空套圆锥齿轮 z_2 和 z_3 及一个端面齿离合器 M。轴 I 的运动可直接通过锥齿轮传动使两个空套齿轮朝相反的方向旋转。调整离合器 M 处于右位或左位，就可以分别与两边的圆锥齿轮端面齿相啮合，使轴 II 得到两个不同方向的运动。

这种机构刚度较差，多用于进给运动或者辅助运动。

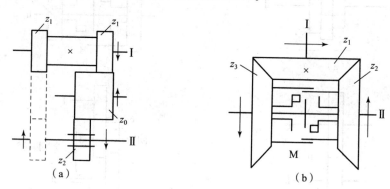

图 2.5　常用的变向机构

三、传动原理图

机床上为了得到所需要的运动，通常用一系列的传动件（轴、带轮、齿轮副、蜗轮蜗杆副和丝杠螺母副等）把动力源和执行件或把两个有关的执行件连接起来，这称为传动联系。为了便于分析和研究机床的传动联系，用一些简明的符号把机床的传动原理和传动路线表示出来，这就是传动原理图。一般规定虚线表示传动链中所有的定比传动机构，菱形框表示换置机构等，传动原理图常用的符号如图 2.6 所示。

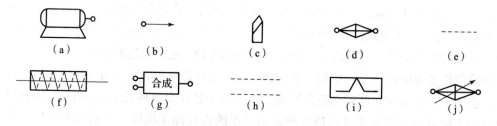

图 2.6　传动原理图常用的符号

（a）电动机；（b）主轴；（c）车刀；（d）换置机构；（e）定比传动机构；

（f）滚刀；（g）合成机构；（h）电的联系；（i）脉冲发生器；（j）快调换置机构

图 2.7（a）为车削螺纹时机床的传动原理图，其主运动由电动机经固定传动比 1—2、换置机构 u_v 和固定传动比 3—4 带动工件做旋转运动。这种执行件和动力源或两执行件之间保持传动联系的一系列顺序排列的传动件称为传动链。每一条传动链都有首端件和末端件。比如车削螺纹主运动传动链的首端件是电动机，末端件是主轴。两端件之间无严格传动比要

求的传动链称为外联系传动链；两端件之间必须保持严格传动比要求的传动链称为内联系传动链。仍以车削螺纹为例，主运动传动链是外联系传动链；进给运动传动链要严格保证主轴转 1 转，刀架直线移动被加工螺纹的一个导程，因此进给运动传动链首端件是主轴，末端件是刀架，它是一条内联系传动链。车螺纹的进给运动传动链为：主轴—4—5—u_x—6—7—丝杠—刀架。

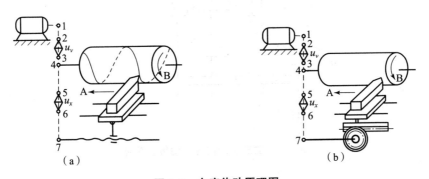

图 2.7　车床传动原理图

（a）车削螺纹；（b）车削外圆柱面

图 2.7（b）为车削外圆柱面，主运动传动链为：电动机—1—2—u_v—3—4—主轴。进给运动传动链为：主轴—4—5—u_x—6—7—齿轮齿条—刀架。这两条传动链首末两端件之间无严格传动比要求，因此它们都是外联系传动链。

针对任务二的自我评价如表 2.2 所示。

表 2.2　自我评价

知识与技能点	你的理解	掌握程度
机床传动的基本组成有哪些		☺　☺　☺　☺
什么是换置机构		☺　☺　☺　☺
常见换置机构有哪些		☺　☺　☺　☺
内联系传动链和外联系传动链的区别		☺　☺　☺　☺

任务三　机床运动调整计算

图 2.8 所示为立式钻床主运动传动系统，分析运动是如何从电动机传到主轴的。该钻床的主轴有几级转速？试计算主轴的最高转速和最低转速。

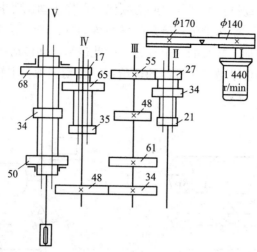

图 2.8　立式钻床的主运动传动系统

一、机床传动系统

　　机床上每个运动都对应有一条传动链。实现机床各个运动的所有传动链，就组成这台机床的传动系统。

　　用国家标准 GB/T 4460—2013《机械制图—机构运动简图符号》规定的简单符号（见附录 C）表示机床传动系统的图形，称为机床的传动系统图。传动系统图按照运动传递的顺序，以展开图的形式把机床的立体传动结构绘在一个能反映机床外形及主要部件相互位置的投影面上。有时不得不把某根轴绘制成折断线连接的两部分，有些传动副展开后会失去联系，此时就要用大括号或者虚线连接，以表示它们之间的传动联系。传动系统图不反映机床各传动元件的实际尺寸和空间位置，只表示各传动元件之间运动传递的先后顺序和传动关系。传动系统图上需注明各传动轴及主轴的编号、齿轮和蜗轮的齿数、蜗杆的头数、丝杠的导程、带轮的直径及电动机的功率和转速等。

　　分析传动系统图的一般方法是：根据主运动、进给运动和辅助运动确定有几条传动链，然后对传动链进行逐条分析。

　　分析具体的传动链时，首先要确定传动链的两个端件；然后按照运动传递或联系顺序，从首端件向末端件依次分析各传动轴之间的传动结构和运动传递关系，以查明该传动链的传动路线以及变速、换向、接通和断开的工作原理。

　　图 2.9 所示为卧式车床传动系统图。该机床可实现主运动、纵向进给运动、横向进给运动和车螺纹进给运动 4 个运动，即机床传动系统由主运动传动链、纵向进给传动链、横向进给传动链及车螺纹传动链等组成。下面以主运动传动链为例进行分析。

　　卧式车床的主运动是主轴带动工件的旋转运动，其传动链的两端件是电动机和主轴。由 2.2 kW、1 440 r/min 的电动机驱动，经带传动 $\dfrac{\phi 80}{\phi 165}$ 将运动传至轴 I，然后经 I—II 轴间、

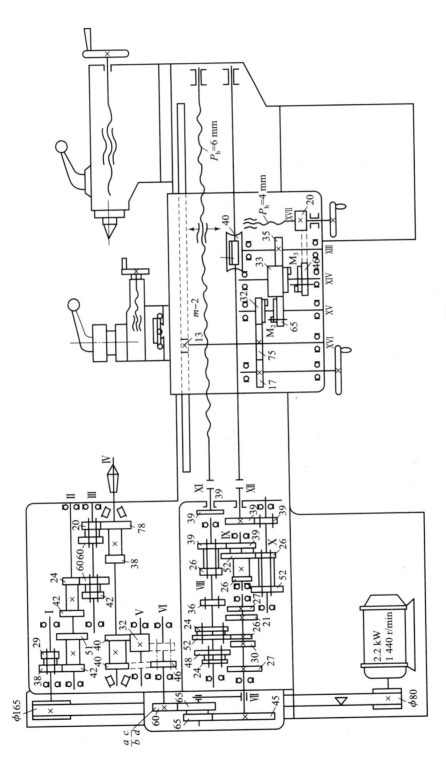

图 2.9 卧式车床传动系统图

Ⅱ—Ⅲ轴间和Ⅲ—Ⅳ轴间的 3 组双联滑移齿轮变速组，使主轴获得 $2 \times 2 \times 2 = 8$ 级转速。主运动的传动路线表达式为

$$\text{电动机} \underset{\left(\substack{2.2\ kW \\ 1\ 440\ r/min}\right)}{-} \frac{\phi 80}{\phi 165} - \text{I} - \begin{bmatrix} \dfrac{29}{51} \\ \dfrac{38}{42} \end{bmatrix} - \text{Ⅱ} - \begin{bmatrix} \dfrac{24}{60} \\ \dfrac{42}{42} \end{bmatrix} - \text{Ⅲ} - \begin{bmatrix} \dfrac{20}{78} \\ \dfrac{60}{38} \end{bmatrix} - \text{Ⅳ} \ （主轴）$$

二、机床运动的调整计算

机床运动的调整计算通常有两种情况：一种是根据传动系统图提供的有关数据，确定某些执行件的运动速度或位移量；另一种是根据执行件所需保持的运动关系，计算传动链中交换齿轮的传动比，并确定交换齿轮的齿数。

例 2 – 1 计算图 2.9 卧式车床主轴的最大和最小转速。

求主轴的最大、最小转速需要先分析主运动传动链，然后进行调整计算。具体步骤如下：

1. 确定传动链的首端件和末端件

电动机—主轴。

2. 明确两端件的传动关系，写出计算位移

$$n_{电}(r/min) - n_{主}(r/min)$$

3. 分析传动路线

主运动传动链前面已经分析，并已经写出主运动的传动路线表达式。

4. 列出运动平衡式

$$n_{主} = 1\ 440 \times (1 - \varepsilon) \times \frac{80}{165} \times u_{\text{I}-\text{Ⅱ}} \times u_{\text{Ⅱ}-\text{Ⅲ}} \times u_{\text{Ⅲ}-\text{Ⅳ}} \quad\quad (2.1)$$

式中，$n_{主}$——主轴转速（r/min）；

　　　ε——V 带的打滑系数，$\varepsilon = 0.02$；

　　　$u_{\text{I}-\text{Ⅱ}}$，$u_{\text{Ⅱ}-\text{Ⅲ}}$，$u_{\text{Ⅲ}-\text{Ⅳ}}$——Ⅰ—Ⅱ、Ⅱ—Ⅲ、Ⅲ—Ⅳ轴间的可变传动比。

5. 计算转速极值

$$n_{min} = 1\ 440 \times (1 - 0.02) \times \frac{80}{165} \times \frac{29}{51} \times \frac{24}{60} \times \frac{20}{78} \approx 40 (r/min)$$

$$n_{max} = 1\ 440 \times (1 - 0.02) \times \frac{80}{165} \times \frac{38}{42} \times \frac{42}{42} \times \frac{60}{38} \approx 977 (r/min)$$

针对任务三的自我评价如表 2.3 所示。

表 2.3　自我评价

知识与技能点	你的理解	掌握程度			
什么是机床的传动系统		😊	😊	😊	😜
能独立分析简单的传动路线		😊	😊	😊	😜
能正确写出传动路线表达式		😊	😊	😊	😜
能进行简单的调整计算		😊	😊	😊	😜

项目三 车床的运动调整和典型结构分析

任务一 认识 CA6140 型卧式车床

学习任务

客户要求加工一批图 3.1 所示的阶梯轴，请问用 CA6140 型卧式车床能否加工？如果客户要求加工的阶梯轴最大直径为 1 000 mm，请问还能用 CA6140 型卧式车床加工吗？

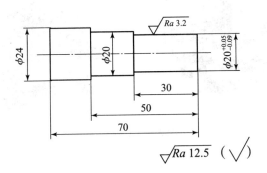

图 3.1 阶梯轴零件简图

知识要点

一、车床的用途及分类

车床主要用于加工各种回转表面，如内外圆柱面、圆锥面、成形回转体表面和回转体的端面等，有些车床还能加工螺纹面。在一般机械制造厂中，车床的应用极为广泛，占机床总台数的 20%～35%。其中又以卧式车床的应用最为广泛。

按结构和用途不同，车床分为落地及卧式车床、立式车床、回轮及转塔车床、单轴自动车床、多轴自动和半自动车床、仿形车床及多刀车床、专门化车床、其他车床等。

1. 落地及卧式车床

落地及卧式车床的主轴水平布局。图 3.2 所示为落地车床，与卧式车床相比，它没有床身、尾座和丝杠，适用于车削直径大、长度短、质量较轻的盘形、环形或薄壁筒形等工件。

图 3.2 落地车床

2. 立式车床

立式车床的主轴竖直放置，并有一直径很大的圆形工作台装夹工件。工作台台面处于水平位置，使得笨重工件的装夹和找正比较方便，另外由于工件和工作台所受的重力均匀地作用在工作台下面的圆导轨上，大大减轻了主轴及其轴承的载荷，因而主轴能长期保持工作精度。立式车床分为单柱式和双柱式立式车床，如图 3.3 所示，立式车床主要用于加工径向尺寸大而轴向尺寸相对较小且形状比较复杂的大型或重型工件。

图 3.3 立式车床

3. 回轮、转塔车床

回轮车床、转塔车床特别适宜加工形状复杂而直径较小的工件。它与卧式车床在结构上最主要的区别是没有尾座和丝杠，而在尾座的位置安装了一个可以纵向移动的多工位刀架，刀架上可安装多把刀具。工作中刀架周期性转位，顺序地对工件进行加工。刀具的行程由定程机构控制，易于保证加工精度，生产效率较高。图 3.4 所示为回轮车床，图 3.5 所示为转塔车床。

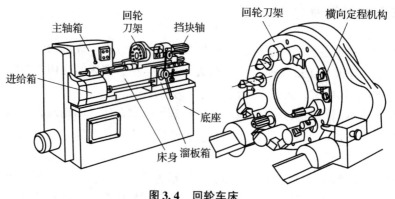

图 3.4 回轮车床

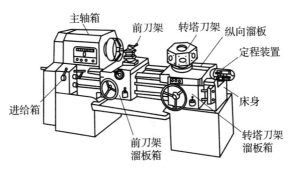

图 3.5　转塔车床

4. 单轴纵切自动车床

单轴纵切自动车床主要用于加工精度要求较高，必须通过一次装夹成形的轴类零件。图 3.6 所示为单轴纵切自动车床外形及其加工的典型零件。

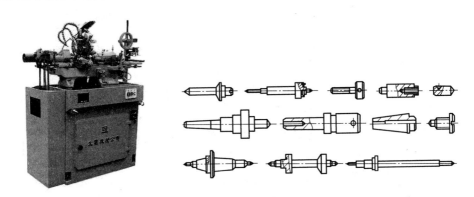

图 3.6　单轴纵切自动车床外形及其加工的典型零件

二、CA6140 型卧式车床的组成及运动

CA6140 型卧式车床是我国设计制造的典型的卧式车床。它可以加工各种轴类、套筒类和盘类零件上的回转表面，如：车内外圆柱面、圆锥面、环槽、成形回转面；车端面及各种常用螺纹；钻孔、扩孔、铰孔和滚花等。图 3.7 所示为卧式车床所能加工的典型表面。

CA6140 型卧式车床的主运动是工件的旋转运动，速度大小常用转速 n（r/min）表示。进给运动是刀具的直线移动，分为纵向进给运动、横向进给运动及车螺纹运动，大小用进给量 f（mm/r）表示。刀具的切入运动、调位运动以及快进快退运动等属于辅助运动。

图 3.8 是 CA6140 型卧式车床的外形，它的主要组成部件如下。

（1）主轴箱。主轴箱固定在床身的左边，内部装有主轴和变速传动机构。工件通过卡盘等夹具装夹在主轴前端。主轴箱的功能是支承主轴，并把动力经变速机构传给主轴，使主轴带动工件按规定的转速旋转，以实现主运动。

（2）刀架部件。刀架部件可沿床身上的刀架导轨做纵向移动。它的功用是装夹车刀，实现纵向、横向和斜向运动。

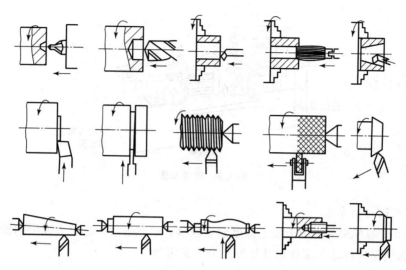

图 3.7　卧式车床加工的典型表面

（3）尾座。尾座安装在床身右端的尾座导轨上，可沿导轨纵向调整位置。它的功用是用后顶尖支承长工件，也可以安装钻头、铰刀等孔加工刀具进行孔加工。

（4）进给箱。进给箱固定在床身的左前侧。进给箱内装有进给运动的变速机构，用于改变机动进给的进给量或所加工螺纹的导程。

（5）溜板箱。溜板箱与刀架的最下层床鞍相连，带动刀架一起做纵向运动。它的功用是将进给箱传来的运动传给刀架，使刀架实现纵向进给、横向进给、快速移动或车螺纹运动。溜板箱上装有各种操作手柄和按钮，可以方便地操作机床。

（6）床身。床身固定在左床腿和右床腿上，它是基础支承件。车床的各个主要部件均安装于床身上，床身保证各主要部件之间具有准确的相对位置。

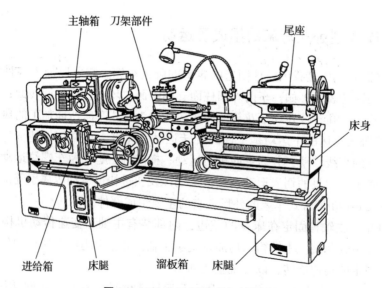

图 3.8　CA6140 型卧式车床外形

针对任务一的自我评价如表 3.1 所示。

表 3.1 自我评价

知识与技能点	你的理解	掌握程度			
车床的用途有哪些		😊	😐	😖	😎
能辨别不同种类的车床		😊	😐	😖	😎
CA6140 型卧式车床的组成		😊	😐	😖	😎
CA6140 型卧式车床的 主运动和进给运动		😊	😐	😖	😎

任务二 CA6140 型卧式车床主运动分析

车削加工不同精度的零件，所需要的切削用量不同。以转速为例，不仅要了解车床的主轴有哪些转速，还应该知道如何进行机床的调整来实现这些转速。试根据 CA6140 型卧式车床传动系统图分析主轴正转有多少级转速？根据转速图，写出高速运动传动链对应的具体转速值。

CA6140 型卧式车床的传动系统如图 3.9 所示，整个传动系统由主运动传动链、车螺纹传动链、纵向进给传动链、横向进给传动链及刀架的快速移动传动链组成。

一、主运动传动链

主运动传动链的功用是把动力源（电动机）的运动及动力传给主轴，使主轴带动工件旋转，并满足车床主轴变速和换向的要求。

1. 两端件

主运动传动链的首端件是电动机，末端件是主轴，它是外联系传动链。

2. 传动关系

电动机旋转（$n_{电}$）—主轴旋转（$n_{主}$）。

3. 分析传动系统图

电动机的运动经过带传动 $\dfrac{\phi130}{\phi230}$，传到轴 I，运动进入主轴箱内。轴 I

上装有双向多片摩擦离合器 M_1、双联空套齿轮和一个单联空套齿轮。当 M_1 左边摩擦片被压紧时，轴 I 的运动通过摩擦离合器的左半部带动双联空套齿轮转动，经过齿轮副 $\dfrac{51}{43}$ 或 $\dfrac{56}{38}$ 传到轴 II，实现主轴的正转；当 M_1 右边摩擦片被压紧时，

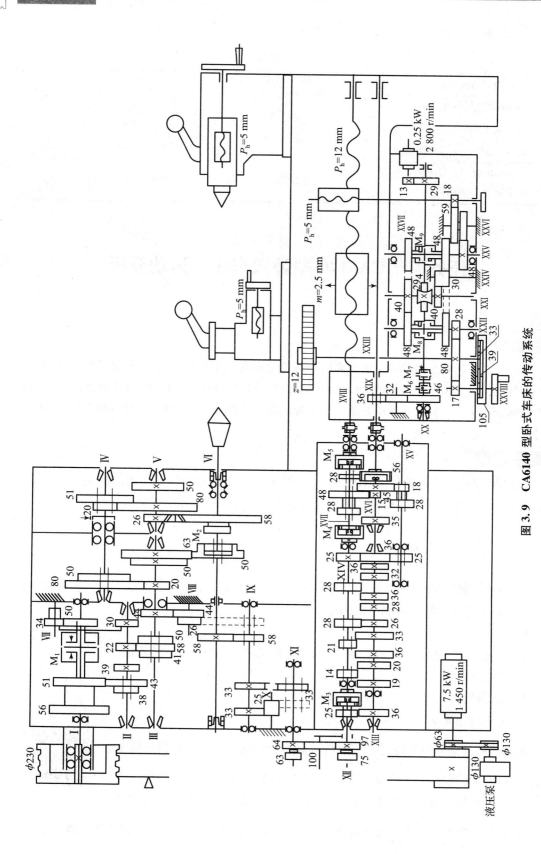

图 3.9 CA6140 型卧式车床的传动系统

轴 I 的运动通过摩擦离合器的右半部带动空套齿轮转动，经过 $\frac{50}{34}$、$\frac{34}{30}$ 传到轴 II，实现了轴 II 的变向。当两边摩擦片都不压紧时，运动无法向下传递，轴 I 空转，此时主轴停止转动。轴 II 的运动经过三联滑移齿轮变速组传到轴 III。之后的运动分为两条不同的路线：一条是主轴上的离合器 M_2 处于左位，运动经过 $\frac{63}{50}$ 直接传给主轴 VI，这是高速传动路线；另一条是离合器 M_2 处于右位，运动通过齿轮副 $\frac{20}{80}$ 或 $\frac{50}{50}$ 传给轴 IV，经过 $\frac{20}{80}$ 或 $\frac{51}{50}$ 传给轴 V，再经过一对斜齿轮副 $\frac{26}{58}$，最后由离合器 M_2 传给主轴 VI，这是中低速传动路线。

CA6140 型卧式车床主运动的传动路线表达式如下：

$$
\text{电动机} \underset{\substack{(7.5\,\mathrm{kW})\\(1\,450\,\mathrm{r/min})}}{-\frac{\phi130}{\phi230}} - \mathrm{I} - \begin{bmatrix} \begin{matrix} M_1（左）\\ （正转） \end{matrix} - \begin{bmatrix} \dfrac{51}{43} \\ \dfrac{56}{38} \end{bmatrix} \\ \begin{matrix} M_1（右）\\ （反转） \end{matrix} - \dfrac{50}{34} - \dfrac{34}{30} \end{bmatrix} - \mathrm{II} - \begin{bmatrix} \dfrac{22}{58} \\ \dfrac{30}{50} \\ \dfrac{39}{41} \end{bmatrix} - \mathrm{III} -
$$

$$
- \left[\begin{array}{c} \begin{bmatrix} \dfrac{20}{80} \\ \dfrac{50}{50} \end{bmatrix} - \mathrm{IV} - \begin{bmatrix} \dfrac{20}{80} \\ \dfrac{51}{50} \end{bmatrix} - \mathrm{V} - \dfrac{26}{58} - M_2 \\ \hline \dfrac{63}{50} \end{array} \right] - \mathrm{VI}（主轴）
$$

由传动路线表达式可以看出，主轴正转时，高速路线可以获得 $2 \times 3 = 6$ 级转速。中低速路线由于轴 III—V 之间的 4 种传动比分别为

$$u_1 = \frac{50}{50} \times \frac{51}{50} \approx 1 \qquad u_2 = \frac{50}{50} \times \frac{20}{80} = \frac{1}{4}$$

$$u_3 = \frac{20}{80} \times \frac{51}{50} \approx \frac{1}{4} \qquad u_4 = \frac{20}{80} \times \frac{20}{80} = \frac{1}{16}$$

其中 $u_2 \approx u_3$，所以主轴中低速路线实际上获得的转速级数为 $2 \times 3 \times (2 \times 2 - 1) = 18$ 级转速。因而主轴正转共有 $6 + 18 = 24$ 级转速。同理，主轴反转转速级数为 12 级。

4. 运动平衡式

主轴的转速可用下列运动平衡式计算：

$$n_{主} = 1\,450 \times (1 - \varepsilon) \times \frac{130}{230} \times u_{\mathrm{I-II}} u_{\mathrm{II-III}} u_{\mathrm{III-VI}} \tag{3.1}$$

式中，$n_{主}$——主轴转数（r/min）；

ε——V 带传动的滑动系数，$\varepsilon = 0.02$；

$u_{\mathrm{I-II}}$，$u_{\mathrm{II-III}}$，$u_{\mathrm{III-VI}}$——I—II、II—III、III—VI 轴间的可变传动比。

把可变传动比组合代入运动平衡式，我们可以计算出主轴所有的转速。

5. 计算转速极值

主轴的最低转速为

$$n_{min} = 1\ 450 \times (1 - 0.02) \times \frac{130}{230} \times \frac{51}{43} \times \frac{22}{58} \times \frac{20}{80} \times \frac{20}{80} \times \frac{26}{58} \approx 10\ (\text{r/min})$$

主轴的最高转速为

$$n_{max} = 1\ 450 \times (1 - 0.02) \times \frac{130}{230} \times \frac{56}{38} \times \frac{39}{41} \times \frac{63}{50} \approx 1\ 400(\text{r/min})$$

二、主轴转速图

主轴转速图是分析机床变速系统的重要工具。图 3.10 所示为 CA6140 型卧式车床主运动的转速图。

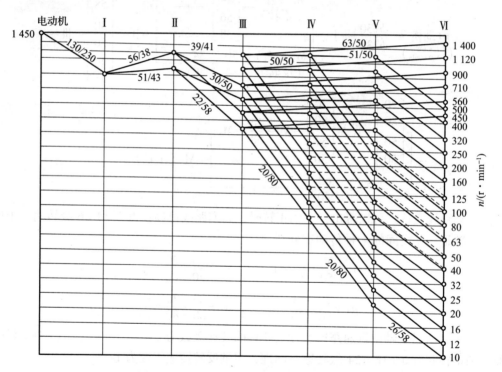

图 3.10　CA6140 型卧式车床主运动转速图

转速图中间距相等的竖直线代表电动机和各传动轴，从左到右依次标注电动机 I 、II 、III、IV、V、VI。水平线表示各级转速，由于主运动转速多为等比数列排列，为了使代表各级转速的横线间距相等，纵坐标取对数坐标，但是在转速图上通常直接写出转速的数值。图中的小圆点表示该轴有几级转速。比如轴 II 有 2 级转速，轴 III 有 6 级转速。两轴之间的转速连线表示传动副的传动比。

转速图直观地表达出了转速和传动副传动比之间的关系。例如主轴转速 500 r/min 的传动路线为：电动机 $-\dfrac{130}{230}-$ I $-\dfrac{56}{38}-$ II $-\dfrac{39}{41}-$ III $-\dfrac{50}{50}-$ IV $-\dfrac{51}{50}-$ V $-\dfrac{26}{58}-$ VI（主轴）。

针对任务二的自我评价如表 3.2 所示。

表 3.2　自我评价

知识与技能点	你的理解	掌握程度
独立分析车床主运动的传动链		😊　😐　😶　🤖
离合器 M_1、M_2 的作用		😊　😐　😶　🤖
根据转速图分析不同转速对应的传动路线		😊　😐　😶　🤖

任务三　车四种标准螺纹传动链分析及调整

学习任务

某客户需要用 CA6140 型卧式车床加工一批轴类零件上的螺纹，螺纹的螺距 $P = 3$ mm，头数 $k = 2$，右螺纹，请问机床应该如何调整？

知识要点

CA6140 型卧式车床可以车削米制、模数制、寸制、径节制四种标准螺纹，还可以车削大导程、非标准和较精密的螺纹。既可以车削右螺纹，也可以车削左螺纹。

一、车米制螺纹的调整

米制螺纹（也称普通螺纹、公制螺纹）是应用最广泛的一种螺纹。它的参数用螺距 P 表示，导程 $L = kP$，其中 k 表示螺纹的头数。国家标准中规定了标准螺距值，机床加工的标准螺纹见表 3.3，从表中可以看出它的特点：横向为分段等差数列，纵向为公比是 2 的等比数列。

表 3.3　CA6140 型卧式车床米制螺纹表

$u_{倍}$ ＼ L/mm ＼ $u_{基}$	$\dfrac{26}{28} = \dfrac{6.5}{7}$	$\dfrac{28}{28} = \dfrac{7}{7}$	$\dfrac{32}{28} = \dfrac{8}{7}$	$\dfrac{36}{28} = \dfrac{9}{7}$	$\dfrac{19}{14} = \dfrac{9.5}{7}$	$\dfrac{20}{14} = \dfrac{10}{7}$	$\dfrac{33}{21} = \dfrac{11}{7}$	$\dfrac{36}{21} = \dfrac{12}{7}$
$\dfrac{18}{45} \times \dfrac{15}{48} = \dfrac{1}{8}$			1			1.25		1.5
$\dfrac{28}{35} \times \dfrac{15}{48} = \dfrac{1}{4}$		1.75	2	2.25		2.5		3

L/mm $\diagdown$ $u_{基}$ $\diagup$ $u_{倍}$	$\dfrac{26}{28}=\dfrac{6.5}{7}$	$\dfrac{28}{28}=\dfrac{7}{7}$	$\dfrac{32}{28}=\dfrac{8}{7}$	$\dfrac{36}{28}=\dfrac{9}{7}$	$\dfrac{19}{14}=\dfrac{9.5}{7}$	$\dfrac{20}{14}=\dfrac{10}{7}$	$\dfrac{33}{21}=\dfrac{11}{7}$	$\dfrac{36}{21}=\dfrac{12}{7}$
$\dfrac{18}{45}\times\dfrac{35}{28}=\dfrac{1}{2}$		3.5	4	4.5		5	5.5	6
$\dfrac{28}{35}\times\dfrac{35}{28}=1$		7	8	9		10	11	12

1. 车米制螺纹的传动路线

参看传动系统图 3.9，车米制螺纹时，进给箱中的内齿离合器 M_3、M_4 脱开，M_5 接合。主轴的运动经过齿轮副 $\dfrac{58}{58}$ 传到轴Ⅸ，经过 $\dfrac{33}{33}$ 或 $\dfrac{33}{25}\times\dfrac{25}{33}$ 传到

轴ⅩⅠ，这是一个滑移齿轮变向机构，功用是变换车左螺纹或右螺纹。运动经过交换齿轮副 $\dfrac{63}{100}\times\dfrac{100}{75}$ 传到轴Ⅻ，再经过 $\dfrac{25}{36}$ 传到轴ⅩⅢ，轴ⅩⅣ上有 4 个单联滑移齿轮，左右各有 2 个工作位置，可以变换 8 种不同的传动比，这个变速组称为基本变速组。运动经基本变速组传到轴 ⅩⅣ，经过 $\dfrac{25}{36}\times\dfrac{36}{25}$ 传到轴ⅩⅤ，轴ⅩⅤ到轴ⅩⅦ之间有 2 个双联滑移齿轮，可以变换 4 种不同的传动比，这个变速组称为倍增组。运动经倍增组传到轴ⅩⅦ，经离合器 M5 传给丝杠，实现车米制螺纹的运动。

车米制螺纹的传动路线表达式如下：

$$
Ⅵ（主轴）-\frac{58}{58}-Ⅸ-\begin{bmatrix}\dfrac{33}{33}\\（右螺纹）\\\dfrac{33}{25}\times\dfrac{25}{33}\\（左螺纹）\end{bmatrix}-Ⅺ-\frac{63}{100}\times\frac{100}{75}-Ⅻ-\frac{25}{36}-ⅩⅢ-u_{基}
$$

$$
-ⅩⅣ-\frac{25}{36}\times\frac{36}{25}-ⅩⅤ-u_{倍}-ⅩⅦ-M_5-ⅩⅧ（丝杠）-刀架
$$

其中 $u_{基}$ 为轴ⅩⅢ—ⅩⅣ之间的可变传动比，共有 8 种：

$$
u_{基1}=\frac{26}{28}=\frac{6.5}{7} \quad u_{基2}=\frac{28}{28}=\frac{7}{7} \quad u_{基3}=\frac{32}{28}=\frac{8}{7} \quad u_{基4}=\frac{36}{28}=\frac{9}{7}
$$

$$
u_{基5}=\frac{19}{14}=\frac{9.5}{7} \quad u_{基6}=\frac{20}{14}=\frac{10}{7} \quad u_{基7}=\frac{33}{21}=\frac{11}{7} \quad u_{基8}=\frac{36}{21}=\frac{12}{7}
$$

分子中除了 6.5 和 9.5 用于其他种类螺纹外，其他按等差数列排列，和米制螺纹导程标准的最后一行吻合。

$u_{倍}$ 为轴ⅩⅤ—ⅩⅦ之间的可变传动比，共有 4 种，它们按等比数列排列：

$$u_{倍1} = \frac{28}{35} \times \frac{35}{28} = 1 \quad u_{倍2} = \frac{18}{45} \times \frac{35}{28} = \frac{1}{2} \quad u_{倍3} = \frac{28}{35} \times \frac{15}{48} = \frac{1}{4} \quad u_{倍4} = \frac{18}{45} \times \frac{15}{48} = \frac{1}{8}$$

2. 车米制螺纹的调整计算

根据传动系统图或传动链的传动路线表达式，可列出车米制螺纹时的运动平衡式：

$$L = kP = 1(主轴) \times \frac{58}{58} \times \frac{33}{33} \times \frac{63}{100} \times \frac{100}{75} \times \frac{25}{36} \times u_{基} \times \frac{25}{36} \times \frac{36}{25} \times u_{倍} \times 12$$

化简后得
$$L = 7u_{基}u_{倍} \tag{3.2}$$

选择不同 $u_{基}$、$u_{倍}$ 的值，可以得到表 3.3 所示的各种米制螺纹导程值。

二、车模数螺纹的调整

模数螺纹用模数 m 表示螺距的大小，其螺纹的螺距为 $P_m = \pi m$，导程为 $L_m = k\pi m$。

1. 车模数螺纹的传动路线

国家标准中已规定了模数 m 的标准值，如表 3.4 所示，它们也是分段等差数列。模数螺纹和米制螺纹螺距的排列规律相同，但是模数螺纹的螺距中含有一个特殊因子 π。因此车模数螺纹时，需要在车米制螺纹传动路线的基础上把交换齿轮更换为 $\frac{64}{100} \times \frac{100}{97}$，也就是说除了交换齿轮不同，其余部分传动路线与车米制螺纹完全相同。

表 3.4　CA6140 型卧式车床模数制螺纹表（$k=1$）

m/mm　$u_{基}$ 　　$u_{倍}$	$\frac{26}{28} = \frac{6.5}{7}$	$\frac{28}{28} = \frac{7}{7}$	$\frac{32}{28} = \frac{8}{7}$	$\frac{36}{28} = \frac{9}{7}$	$\frac{19}{14} = \frac{9.5}{7}$	$\frac{20}{14} = \frac{10}{7}$	$\frac{33}{21} = \frac{11}{7}$	$\frac{36}{21} = \frac{12}{7}$
$\frac{18}{45} \times \frac{15}{48} = \frac{1}{8}$			0.25					
$\frac{28}{35} \times \frac{15}{48} = \frac{1}{4}$			0.5					
$\frac{18}{45} \times \frac{35}{28} = \frac{1}{2}$			1			1.25		1.5
$\frac{28}{35} \times \frac{35}{28} = 1$		1.75	2	2.25		2.5	2.75	3

2. 车模数螺纹的调整计算

车模数螺纹时的运动平衡式为

$$L_m = k\pi m = 1(主轴) \times \frac{58}{58} \times \frac{33}{33} \times \frac{64}{100} \times \frac{100}{97} \times \frac{25}{36} \times u_{基} \times \frac{25}{36} \times \frac{36}{25} \times u_{倍} \times 12$$

化简后得

$$m = \frac{7}{4k} u_{基} u_{倍} \tag{3.3}$$

选择不同 $u_{基}$、$u_{倍}$ 的值，可以得到表 3.4 中各种标准的模数值（$k=1$）。

三、车寸制螺纹的调整

寸制螺纹在英、美和少数英寸制国家中应用广泛，我国部分管螺纹也采用寸制螺纹。

寸制螺纹以每英寸长度上的螺纹牙数 a 表示，其螺距为 $P_a = \dfrac{1}{a}$（in①）$= \dfrac{25.4}{a}$（mm），

导程为 $L_a = kP_a = \dfrac{25.4k}{a}$（mm）。

1. 车寸制螺纹的传动路线

标准的 a 值也是按分段等差数列排列的，如表 3.5 所示。寸制螺纹的螺距与米制螺纹的螺距有两点不同：

（1）由寸制螺纹的螺距公式可以看出，a 在公式的分母上，所以寸制螺纹的螺距和导程是分段调和数列；

（2）寸制螺纹的螺距中含有特殊因子 25.4。

因此要车寸制螺纹，需对米制螺纹传动路线做两点变动：第一，将基本变速组的主、从动关系对换，使传动比变为 $1/u_{基}$。即车寸制螺纹时，轴ⅩⅣ变为主动轴，轴ⅩⅢ变为从动轴。第二，改变部分传动比，以引入 25.4 的特殊因子。具体操作为 M_3 接合（轴Ⅻ上 25 齿的滑移齿轮右移），同时轴ⅩⅤ上 25 齿的滑移齿轮左移，与轴ⅩⅢ上 36 齿的固定齿轮啮合。其余部分的传动路线与车米制螺纹完全相同。

表 3.5　CA6140 型卧式车床寸制螺纹表（$k=1$）

$a/(牙 \cdot in^{-1})$ ＼ $u_{基}$ ＼ $u_{倍}$	$\frac{26}{28}=\frac{6.5}{7}$	$\frac{28}{28}=\frac{7}{7}$	$\frac{32}{28}=\frac{8}{7}$	$\frac{36}{28}=\frac{9}{7}$	$\frac{19}{14}=\frac{9.5}{7}$	$\frac{20}{14}=\frac{10}{7}$	$\frac{33}{21}=\frac{11}{7}$	$\frac{36}{21}=\frac{12}{7}$
$\frac{18}{45} \times \frac{15}{48} = \frac{1}{8}$		14	16	18	19	20		24
$\frac{28}{35} \times \frac{15}{48} = \frac{1}{4}$		7	8	9		10	11	12
$\frac{18}{45} \times \frac{35}{28} = \frac{1}{2}$	3.25	3.5	4	4.5		5		6
$\frac{28}{35} \times \frac{35}{28} = 1$			2					3

---

① 1 in = 25.4 mm。

参看传动系统图 3.9，车寸制螺纹的传动路线表达式如下：

$$\text{VI（主轴）}-\frac{58}{58}-\text{IX}-\begin{bmatrix}\dfrac{33}{33}\\ \text{（右螺纹）}\\ \dfrac{33}{25}\times\dfrac{25}{33}\\ \text{（左螺纹）}\end{bmatrix}-\text{XI}-\frac{63}{100}\times\frac{100}{75}-\text{XII}-\text{M}_3-\text{XIV}-$$

$$\frac{1}{u_{\text{基}}}-\text{XIII}-\frac{36}{25}-\text{XV}-u_{\text{倍}}-\text{XVII}-\text{M}_5-\text{XVIII（丝杠）}-\text{刀架}$$

2. 车寸制螺纹的调整计算

车寸制螺纹时的运动平衡式为

$$L_a=\frac{25.4k}{a}=1_{\text{（主轴）}}\times\frac{58}{58}\times\frac{33}{33}\times\frac{63}{100}\times\frac{100}{75}\times\frac{1}{u_{\text{基}}}\times\frac{36}{25}\times u_{\text{倍}}\times 12$$

化简后得
$$a=\frac{7ku_{\text{基}}}{4u_{\text{倍}}}\tag{3.4}$$

选择不同 $u_{\text{基}}$、$u_{\text{倍}}$ 的值，可以得到表 3.5 中的各种标准 a 值（$k=1$）。

四、车径节螺纹的调整

径节螺纹主要用于寸制螺杆，其螺距参数用径节 DP 表示。径节代表蜗轮或齿轮折算到每一英寸分度圆直径上的齿数，故寸制螺杆的轴向齿距（相当于径节螺纹的螺距）为 $P_{\text{DP}}=\dfrac{\pi}{\text{DP}}(\text{in})=\dfrac{25.4\pi}{\text{DP}}(\text{mm})$，导程为 $L_{\text{DP}}=\dfrac{25.4k\pi}{\text{DP}}(\text{mm})$。

1. 车径节螺纹的传动路线

如表 3.6 所示，径节 DP 也是按等差数列排列的。径节螺纹和寸制螺纹螺距的排列规律是相同的，都是分段调和数列，只是径节螺纹的导程中含有一个特殊因子 π，因此车径节螺纹时，需要在寸制螺纹传动路线的基础上把交换齿轮更换为 $\dfrac{64}{100}\times\dfrac{100}{97}$。也就是说除了交换齿轮不同，其余传动路线与车寸制螺纹时相同。

表 3.6　CA6140 型卧式车床径节制螺纹表（$k=1$）

DP/(牙·in^{-1})　　$u_{\text{基}}$ ＼ $u_{\text{倍}}$	$\dfrac{26}{28}=\dfrac{6.5}{7}$	$\dfrac{28}{28}=\dfrac{7}{7}$	$\dfrac{32}{28}=\dfrac{8}{7}$	$\dfrac{36}{28}=\dfrac{9}{7}$	$\dfrac{19}{14}=\dfrac{9.5}{7}$	$\dfrac{20}{14}=\dfrac{10}{7}$	$\dfrac{33}{21}=\dfrac{11}{7}$	$\dfrac{36}{21}=\dfrac{12}{7}$
$\dfrac{18}{45}\times\dfrac{15}{48}=\dfrac{1}{8}$		56	64	72		80	88	96
$\dfrac{28}{35}\times\dfrac{15}{48}=\dfrac{1}{4}$		28	32	36		40	44	48
$\dfrac{18}{45}\times\dfrac{35}{28}=\dfrac{1}{2}$		14	16	14		20	22	24

续表

$u_{倍}$ \\ $DP/(牙 \cdot in^{-1})$ \ $u_{基}$	$\dfrac{26}{28}=\dfrac{6.5}{7}$	$\dfrac{28}{28}=\dfrac{7}{7}$	$\dfrac{32}{28}=\dfrac{8}{7}$	$\dfrac{36}{28}=\dfrac{9}{7}$	$\dfrac{19}{14}=\dfrac{9.5}{7}$	$\dfrac{20}{14}=\dfrac{10}{7}$	$\dfrac{33}{21}=\dfrac{11}{7}$	$\dfrac{36}{21}=\dfrac{12}{7}$
$\dfrac{28}{35}\times\dfrac{35}{28}=1$		7	8	9		10	11	12

2. 车径节螺纹的调整计算

径节制螺纹的运动平衡式为

$$L_{DP}=\frac{25.4k\pi}{DP}=1(主轴)\times\frac{58}{58}\times\frac{33}{33}\times\frac{64}{100}\times\frac{100}{97}\times\frac{1}{u_{基}}\times\frac{36}{25}\times u_{倍}\times 12$$

化简后得 $\qquad\qquad DP=7k\dfrac{u_{基}}{u_{倍}}$ $\qquad\qquad\qquad$ (3.5)

选择不同 $u_{基}$、$u_{倍}$ 的值，可以得到表3.6中的各种标准径节值（$k=1$）。

针对任务三的自我评价如表3.7所示。

表3.7 自我评价

知识与技能点	你的理解	掌握程度
车螺纹时，离合器 M_5 处于什么状态		😊 😐 😣 😵
交换齿轮 $\dfrac{63}{100}\times\dfrac{100}{75}$ 用于车哪些标准螺纹		😊 😐 😣 😵
交换齿轮 $\dfrac{64}{100}\times\dfrac{100}{97}$ 用于车哪些标准螺纹		😊 😐 😣 😵
车米制螺纹与车寸制螺纹传动路线的区别		😊 😐 😣 😵
根据被加工螺纹的要求，正确选择路线计算换置机构		😊 😐 😣 😵

任务四　车大导程螺纹传动链分析及调整

学习任务

某客户需要在 CA6140 型卧式车床上加工一批轴类零件上的螺旋油槽，其中导程 $L=$

14 mm，左螺纹，请问机床应该如何调整？

一、车大导程螺纹的传动路线

当需要车削某些大导程的多头螺纹或油槽等时，由于它们的导程大于表中规定的标准导程，因此在四种正常导程螺纹的传动路线基础上，需要将轴Ⅸ上58齿的滑移齿轮右移，使之与轴Ⅷ上26齿的齿轮啮合，并将 M_2 接合（右位）。

此时，车大导程螺纹的传动路线表达式如下：

$$Ⅵ（主轴）—M_2—\frac{58}{26}—Ⅴ—\frac{80}{20}—Ⅳ—\begin{bmatrix}\frac{80}{20}\\[2pt]\frac{50}{50}\end{bmatrix}—Ⅲ—\frac{44}{44}×\frac{26}{58}—Ⅸ—正常导程传动路线$$

其中主轴Ⅵ至轴Ⅸ间的传动比为

$$u_{扩1}=\frac{58}{26}×\frac{80}{20}×\frac{50}{50}×\frac{44}{44}×\frac{26}{58}=4$$

$$u_{扩2}=\frac{58}{26}×\frac{80}{20}×\frac{80}{20}×\frac{44}{44}×\frac{26}{58}=16$$

车削标准螺纹时，主轴转1转，轴Ⅸ也转1转。当采用车大导程的传动路线后，主轴转1转，轴Ⅸ转4转或者16转，使螺纹导程比正常导程扩大4倍或16倍，从而达到车削大导程螺纹的目的。

值得注意的是，车大导程螺纹时，主轴上的 M_2 必须接合，然后经过主轴箱内轴Ⅴ—Ⅳ和轴Ⅳ—Ⅲ间的双联滑移齿轮变速组，也就是说扩大螺纹导程机构的传动比 $u_{扩}$ 对应着一定范围的主轴转速。参看转速图3.10，当主轴转速范围在 10~32 r/min 最低的6级转速时，导程可扩大16倍；当主轴转速范围在 40~125 r/min 次低的6级转速时，导程可扩大4倍。当主轴转速更高时，不能扩大螺纹导程。

二、车大导程螺纹的运动平衡式

任务三中的四种标准螺纹的传动路线属于正常导程螺纹路线，它们都可以把轴上的滑移齿轮58右移，更换成大导程路线。车大导程螺纹的运动平衡式只需要在相应的车四种标准螺纹的平衡式上把 $\frac{58}{58}$ 更换为 $u_{扩}$ 即可。

1. 车大导程米制螺纹时的运动平衡式

$$L=kP=1_{（主轴）}×u_{扩}×\frac{33}{33}×\frac{63}{100}×\frac{100}{75}×\frac{25}{36}u_{基}×\frac{25}{36}×\frac{36}{25}×u_{倍}×12$$

化简后得
$$L=7u_{扩}\,u_{基}\,u_{倍} \tag{3.6}$$

2. 车大导程模数螺纹时的运动平衡式

$$L_m = k\pi m = 1_{(主轴)} \times u_{扩} \times \frac{33}{33} \times \frac{64}{100} \times \frac{100}{97} \times \frac{25}{36} u_{基} \times \frac{25}{36} \times \frac{36}{25} \times u_{倍} \times 12$$

化简后得

$$m = \frac{7}{4k} u_{扩} \, u_{基} \, u_{倍}$$ (3.7)

3. 车大导程寸制螺纹时的运动平衡式

$$L_a = \frac{25.4k}{a} = 1_{(主轴)} \times u_{扩} \times \frac{33}{33} \times \frac{63}{100} \times \frac{100}{75} \times \frac{1}{u_{基}} \times \frac{36}{25} \times u_{倍} \times 12$$

化简后得

$$a = \frac{7k u_{基}}{4 u_{扩} \, u_{倍}}$$ (3.8)

4. 车大导程径节螺纹时的运动平衡式

$$L_{DP} = \frac{25.4k\pi}{DP} = 1_{(主轴)} \times u_{扩} \times \frac{33}{33} \times \frac{64}{100} \times \frac{100}{97} \times \frac{1}{u_{基}} \times \frac{36}{25} \times u_{倍} \times 12$$

化简后得

$$DP = 7k \frac{u_{基}}{u_{扩} \, u_{倍}}$$ (3.9)

针对任务四的自我评价如表3.8所示。

表3.8　自我评价

知识与技能点	你的理解	掌握程度			
如何调整机床实现车大导程螺纹		😀	😐	😵	🤓
采用大导程路线时，螺纹导程可以比正常导程扩大几倍		😀	😐	😵	🤓
根据被加工螺纹的要求，正确选择大导程路线并计算换置机构		😀	😐	😵	🤓

任务五　车非标准和较精密螺纹传动链分析及调整

学习任务

某客户需要在 CA6140 型卧式车床上加工一批轴类零件上的螺纹，螺纹导程 $L = 7.5$ mm，右螺纹，试确定传动路线，机床应该如何调整？

知识要点

一、车非标准和较精密螺纹的传动路线

当需要车削非标准螺纹或虽然是标准螺纹但精度要求较高时，可以将 M_3、M_4、M_5 三个

内齿离合器全部接合，使轴XII、轴XIV、轴XVII和丝杠XVIII联成一体，轴XII的运动直接传给丝杠。由于主轴至丝杠的传动路线大为缩短，减少了传动累积误差，因此可以车出精度较高的螺纹。被加工螺纹的导程 L 靠调整交换齿轮的传动比 $u_{挂}$ 来实现。

参看传动系统图 3.9，车非标准和较精密螺纹的传动路线表达式如下：

$$\text{VI（主轴）} - \frac{58}{58} - \text{IX} - \begin{bmatrix} \dfrac{33}{33} \\ \text{（右螺纹）} \\ \dfrac{33}{25} \times \dfrac{25}{33} \\ \text{（左螺纹）} \end{bmatrix} - \text{XI} - \frac{a}{b} \times \frac{c}{d} - \text{XII} - M_3 -$$

$$\text{XIV} - M_4 - \text{XVII} - M_5 - \text{XVIII（丝杠）} - \text{刀架}$$

二、车非标准和较精密螺纹的调整计算

车非标准和较精密螺纹的运动平衡式为

$$L = kP = 1 \times \frac{58}{58} \times \frac{33}{33} \times u_{挂} \times 12$$

化简后得
$$u_{挂} = \frac{a}{b} \times \frac{c}{d} = \frac{kP}{12} \tag{3.10}$$

利用交换齿轮换置机构，可以车削任意非标准螺距的螺纹。

针对任务五的自我评价如表 3.9 所示。

表 3.9　自我评价

知识与技能点	你的理解	掌握程度
车非标准和较精密螺纹时，如何调整机床		😀 😐 😖 😎
车非标准和较精密螺纹时，离合器 M_3、M_4 和 M_5 处于什么状态		😀 😐 😖 😎
能根据被加工螺纹的要求，选择非标准和较精密螺纹的传动路线并计算换置机构		😀 😐 😖 😎

任务六　纵向和横向进给传动路线分析

学习任务

车削加工不同精度的零件，所需要的切削用量不同。CA6140 型卧式车床纵向、横向机

动进给的进给量各有 64 种，试根据传动系统图分析纵向、横向进给运动的传动路线。

一、纵向和横向进给时的传动路线

纵向和横向进给的传动路线，前一部分与车米制和寸制螺纹的传动路线相同，且两种传动路线均可用。参看传动系统图 3.9，当运动传到轴 XVII 之后，由轴 XVII 右端 28 齿的齿轮与轴 XIX 左端 56 齿的齿轮啮合，此时离合器 M_5 脱开，断开了车螺纹运动传动链，运动传到光杠 XIX 而进入溜板箱，通过溜板箱内 $\frac{36}{32} \times \frac{32}{56}$ 两对齿轮、超越离合器 M_6 和安全离合器 M_7，将运动传至轴 XX，再经蜗杆蜗轮副 $\frac{4}{29}$ 传至轴 XXI，轴 XXI 的上、下两端分别固定有 40 齿的齿轮，上端 40 齿的齿轮同时与轴 XXII 和轴 XXV 上端带有端面齿的空套齿轮啮合，下端 40 齿的齿轮通过轴 XXIV 上的宽齿轮分别与轴 XII 和轴 XXV 下端带端面齿的空套齿轮啮合，再由用花键连接的端面齿离合器 M_8 和 M_9，共同组成纵向和横向进给运动的变向机构。当 M_8 向上或向下接通时，轴 XXI 的运动经齿轮副 $\frac{40}{48}$ 或 $\frac{40}{30} \times \frac{30}{48}$、离合器 M_8 传至轴 XXII，再经齿轮副 $\frac{28}{80}$ 使轴 XXIII 上齿数为 12 的小齿轮相对固定于床身上的齿条滚动，从而使刀架获得左、右两个方向的纵向进给运动。当 M_9 向上或向下接通时，轴 XXI 的运动经齿轮副 $\frac{40}{48}$ 或 $\frac{40}{30} \times \frac{30}{48}$、离合器 M_9 传至轴 XXV，再经齿轮副 $\frac{48}{48} \times \frac{59}{18}$ 使横向进给丝杠 XXVII 转动，从而使刀架获得前、后两个方向的横向进给运动。

纵向和横向进给的传动路线表达式为

$$\text{主轴 VI} - \begin{bmatrix} \text{米制螺纹传动路线} \\ \text{寸制螺纹传动路线} \end{bmatrix} - \text{XVII} - \frac{28}{56} - \text{XIX（光杠）} - \frac{36}{32} \times \frac{32}{56} - M6 - M7 -$$

$$\text{XX} - \frac{4}{29} - \text{XXI} - \text{XXV} \begin{bmatrix} \begin{bmatrix} \frac{40}{48} - M_8 \uparrow \\ \text{刀架向左移} \\ \frac{40}{30} \times \frac{30}{48} - M_8 \downarrow \\ \text{刀架向右移} \end{bmatrix} - \text{XXII} - \frac{28}{80} - \text{XXIII} - \text{齿轮齿条} \\ \text{（刀架纵向进给）} \\ \begin{bmatrix} \frac{40}{48} - M_9 \uparrow \\ \text{刀架向外移} \\ \frac{40}{30} \times \frac{30}{48} - M_9 \downarrow \\ \text{刀架向里移} \end{bmatrix} - \text{XXV} - \frac{48}{48} \times \frac{59}{18} - \text{XXVII（丝杠）} \\ \text{（刀架横向进给）} \end{bmatrix}$$

二、纵向和横向进给时的运动平衡式

1. 纵向进给时的运动平衡式

（1）当用车米制螺纹传动路线实现进给时，运动平衡式为

$$1 \times \frac{58}{58} \times \frac{33}{33} \times \frac{63}{100} \times \frac{100}{75} \times \frac{25}{36} \times u_{基} \times \frac{25}{36} \times \frac{36}{25} \times u_{倍} \times$$

$$\frac{28}{56} \times \frac{36}{32} \times \frac{32}{56} \times \frac{4}{29} \times \frac{40}{48} \times \frac{28}{80} \times \pi \times 2.5 \times 12 = f_{纵}$$

化简后得
$$f_{纵} = 0.71 u_{基} u_{倍} \tag{3.11}$$

以 $u_{基}$、$u_{倍}$ 的不同值代入，可得 32 种纵向进给量，见表 3.10。

（2）当用车寸制螺纹传动路线实现进给时，运动平衡式为

$$1 \times \frac{58}{58} \times \frac{33}{33} \times \frac{63}{100} \times \frac{100}{75} \times \frac{1}{u_{基}} \times \frac{36}{25} \times u_{倍} \times$$

$$\frac{28}{56} \times \frac{36}{32} \times \frac{32}{56} \times \frac{4}{29} \times \frac{40}{48} \times \frac{28}{80} \times \pi \times 2.5 \times 12 = f_{纵}$$

化简后得
$$f_{纵} = 1.474 \frac{u_{倍}}{u_{基}} \tag{3.12}$$

以 $u_{基}$ 的不同值代入，并使 $u_{倍}=1$，可得 8 种较大进给量，见表 3.10。

表 3.10　纵向机动进给量 $f_{纵}$　　　　　　　　　　　单位：mm/r

传动路线类型	细进给量	正常进给量				较大进给量	加大进给量			
							4	16	4	16
$u_{基}$ ＼ $u_{倍}$	1/8	1/8	1/4	1/2	1	1	1/2	1/8	1	1/4
26/28	0.028	0.08	0.16	0.33	0.66	1.59	3.16		6.33	
28/28	0.032	0.09	0.18	0.36	0.71	1.47	2.93		5.87	
32/28	0.036	0.10	0.20	0.41	0.81	1.29	2.57		5.14	
36/28	0.039	0.11	0.23	0.46	0.91	1.15	2.28		4.56	
19/14	0.043	0.12	0.24	0.48	0.96	1.09	2.16		4.32	
20/14	0.046	0.13	0.26	0.51	1.02	1.03	2.05		4.11	
33/21	0.050	0.14	0.28	0.56	1.12	0.94	1.87		3.76	
36/21	0.054	0.15	0.30	0.61	1.22	0.86	1.71		3.42	

（3）高速精车细进给时的运动平衡式。

高速精车细进给是采用主轴箱内高速挡传动路线，并将轴Ⅸ上 58 齿的齿轮右移，使其与轴Ⅷ上 26 齿的齿轮啮合，同时将 M_2 左移，主轴与轴Ⅸ通过齿轮副 $\frac{50}{63} \times \frac{44}{44} \times \frac{26}{58}$ 实现传动联系，经车常用米制螺纹的传动路线（M_3 脱开）。倍增机构调整为 $u_{倍} = \frac{18}{45} \times \frac{15}{48} = \frac{1}{8}$。此时

运动平衡式为

$$1 \times \frac{50}{63} \times \frac{44}{44} \times \frac{26}{58} \times \frac{33}{33} \times \frac{63}{100} \times \frac{100}{75} \times \frac{25}{36} \times u_{基} \times$$

$$\frac{25}{36} \times \frac{36}{25} \times \frac{1}{8} \times \frac{28}{56} \times \frac{36}{32} \times \frac{32}{56} \times \frac{4}{29} \times \frac{40}{48} \times \frac{28}{80} \times \pi \times 2.5 \times 12 = f_{纵}$$

化简后得
$$f_{纵} = 0.315 u_{基} \tag{3.13}$$

变换 $u_{基}$，使得 $u_{倍} = \frac{1}{8}$，可获得 8 种供高速精车用的细进给量，见表 3.10。

（4）低速大进给时的运动平衡式。

低速大进给是采用主轴箱内的第一组低速挡传动路线，其主轴转速为 10 r/min、12.5 r/min、16 r/min、20 r/min、25 r/min、32 r/min，或第二组低速挡传动路线，其主轴转速为 40 r/min、50 r/min、63 r/min、80 r/min、100 r/min、125 r/min，使轴IX上 58 齿的齿轮与轴VIII上 26 齿的齿轮啮合传动，用车寸制螺纹传动路线，使 $u_{倍} = \frac{1}{8}$ 和 $\frac{1}{4}$（用第一组低转速工作时）或 $u_{倍} = \frac{1}{2}$ 和 1（用第二组低转速工作时），则可得下列计算公式：

用第一组低转速工作时，
$$f_{纵} = 23.584 \frac{u_{倍}}{u_{基}} \tag{3.14}$$

用第二组低转速工作时，
$$f_{纵} = 5.896 \frac{u_{倍}}{u_{基}} \tag{3.15}$$

将 $u_{基}$ 的不同值和两种 $u_{倍}$ 值代入，可得 16 种加大进给量，见表 3.10。

2. 横向进给时的运动平衡式

横向进给传动路线也有上述四种情况，当采用车米制螺纹的传动路线实现进给时，运动平衡式为

$$1 \times \frac{58}{58} \times \frac{33}{33} \times \frac{63}{100} \times \frac{100}{75} \times \frac{25}{36} \times u_{基} \times \frac{25}{36} \times \frac{36}{25} \times u_{倍} \times$$

$$\frac{28}{56} \times \frac{36}{32} \times \frac{32}{56} \times \frac{4}{29} \times \frac{40}{48} \times \frac{48}{48} \times \frac{59}{18} \times 5 = f_{横}$$

化简后得
$$f_{横} = 0.355 u_{基} u_{倍} \tag{3.16}$$

可见当横向进给与纵向进给传动路线相同时，所得的横向进给量为纵向进给量的一半。

三、刀架纵向和横向快速移动

刀架的纵、横向快速移动由装在溜板箱内的快速电动机（0.25 kW、2 800 r/min）驱动，经齿轮副 $\frac{13}{29}$ 传至轴XX，然后沿着与机动进给同样的传动路线使刀架做纵向或横向快速移动。

为了缩短辅助时间，简化操作，在刀架快速移动时不必脱开进给运动传动链。此时依靠超越离合器 M_6 保证快速运动和机动进给运动不产生矛盾。

针对任务六的自我评价如表 3.11 所示。

表 3.11 自我评价

知识与技能点	你的理解	掌握程度			
离合器 M_6、M_7 的功用		😊	😐	😐	😫
能独立分析纵向进给运动的传动路线		😊	😐	😐	😫
能独立分析横向进给运动的传动路线		😊	😐	😐	😫
能独立分析刀架快速移动的传动路线		😊	😐	😐	😫

任务七 卸荷式带轮结构分析

带传动利用张紧在带轮上的皮带进行运动或动力的传递。由于张紧力的存在，传动轴受到皮带径向拉力的作用，从而产生弯曲变形，影响传动的平稳性。CA6140 型卧式车床主运动中也使用了带传动，但是皮带的拉力并没有直接作用在轴上，它采用的是什么结构？分析带轮是如何将运动传递给轴 I 的？带传动产生的拉力是如何卸荷的？

一、卸荷式带轮的结构

主电动机通过带传动带动轴 I 旋转，为了提高轴 I 运转的平稳性，轴 I 上的带轮采用了卸荷结构，图 3.11 为 CA6140 型卧式车床卸荷结构示意。法兰盘用螺钉固定在主轴箱箱体上，带轮通过螺钉和定位销与花键套筒连接，通过两个深沟球轴承支承在法兰盘内。

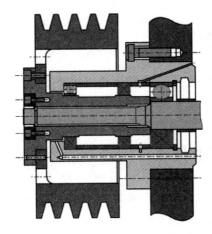

图 3.11 CA6140 型卧式车床卸荷结构示意

二、卸荷式带轮的工作原理

当带轮通过花键套筒的内花键带动轴Ⅰ旋转时，传动带作用于带轮上的拉力，经过花键套筒，通过两个深沟球轴承，由法兰传至箱体，使轴Ⅰ只受转矩，而免受径向力作用，这样减少了轴Ⅰ的弯曲变形，从而提高了传动的平稳性及传动件的使用寿命。

针对任务七的自我评价如表3.12所示。

表3.12　自我评价

知识与技能点	你的理解	掌握程度			
能识别卸荷式带轮结构中的主要零件		☻	☻	☻	☻
带轮如何将运动传递给轴Ⅰ		☻	☻	☻	☻
带传动产生的拉力如何卸荷		☻	☻	☻	☻

任务八　Ⅱ—Ⅲ轴变速操纵机构分析

我们知道滑移齿轮通过轴向移动可以实现变速或者换向。CA6140型卧式车床主轴箱中轴Ⅱ和轴Ⅲ上就各有一个滑移齿轮，这两个滑移齿轮可以实现几级变速？操纵机构是如何控制这两个滑移齿轮轴向移动的？

一、Ⅱ—Ⅲ轴变速操纵机构的结构

主轴箱内Ⅱ轴上的双联滑移齿轮和Ⅲ轴上的三联滑移齿轮由一套操纵机构控制，其结构如图3.12所示。

二、Ⅱ—Ⅲ轴变速操纵机构的工作原理

转动手弯柄，通过链传动带动同一轴上的盘形凸轮和曲柄一起转动。链传动的传动比为1:1，所以手柄转1转，盘形凸轮和曲柄也同步转过1转。

盘形凸轮上的封闭曲线槽由半径不同的两段圆弧和过渡直线组成，杠杆上端有一销子插

入盘形凸轮的曲线槽内，下端也有一销子插入拨叉的槽内。当盘形凸轮半径较大的圆弧槽转至销子处时，曲线槽迫使销子向下移动，此时杠杆顺时针摆动，从而使轴Ⅱ上的双联滑移齿轮处于左位；当盘形凸轮半径较小的圆弧槽转至销子处时，销子向上移动，杠杆逆时针摆动，使拨叉向右移动，从而使轴Ⅱ上的双联滑移齿轮处于右位。

图 3.12　Ⅱ—Ⅲ轴变速操纵机构

曲柄上的销子嵌入拨叉竖槽内。曲柄旋转时，销子迫使拨叉带动轴Ⅲ上的三联滑移齿轮一起左、中、右移动。

每次转动弯手柄60°，就可通过双联滑移齿轮的两个位置与三联滑移齿轮的三个位置相互组合，实现轴Ⅲ的6级转速。

针对任务八的自我评价如表3.13所示。

表 3.13　自我评价

知识与技能点	你的理解	掌握程度
能识别Ⅱ—Ⅲ轴变速操纵机构中的主要零件		😊 😐 😕 😖
Ⅱ—Ⅲ轴变速操纵机构如何控制双联滑移齿轮轴向移动		😊 😐 😕 😖
Ⅱ—Ⅲ轴变速操纵机构如何控制三联滑移齿轮轴向移动		😊 😐 😕 😖

任务九 主轴部件分析及轴承间隙调整

学习任务

CA6140 型卧式车床用过一段时间后，在工作时出现振动和噪声，加工出来的零件表面质量也很差。请在主轴箱中查找故障原因并尝试排除故障。

知识要点

一、主轴部件的结构

如图 3.13 所示，CA6140 型卧式车床主轴是一空心的阶梯轴，这样的结构主要是为了加工时通过长棒料或穿入钢棒打出顶尖或通过气动、电动、液压等夹紧驱动装置。主轴前端的 6 号莫氏锥孔用来安装顶尖或心轴；主轴后端的锥孔是工艺孔。

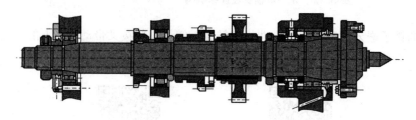

图 3.13　CA6140 型卧式车床主轴结构

二、轴承间隙的调整

CA6140 型卧式车床的主轴组件采用了三支承结构，以提高其静刚度和抗振性。其前后支承处各装有一个双列圆柱滚子轴承，中间支承处装有圆柱滚子轴承。其中中间支承用作辅助支承，配合较松，且间隙不能调整。双列圆柱滚子轴承的刚度和承载能力大，旋转精度高，且内圈较薄，内孔是锥度为 1 : 12 的锥孔，可通过相对主轴轴颈轴向移动来调整轴承间隙，可保证主轴有较高的旋转精度和刚度。双列圆柱滚子轴承只承受径向力，前支承处还装有一个双向推力角接触球轴承，用于承受左右两个方向的轴向力。

轴承的间隙直接影响主轴的旋转精度和刚度，因此，使用中如果发现因轴承磨损使间隙增大时，需要及时进行调整。如图 3.14 所示，前轴承可用螺母 9 和螺母 4 调整。调整时先拧松螺母 9，然后松开调整螺母 4 上的锁紧螺钉，拧紧调整螺母 4，使轴承 8 的内圈相对主轴锥形轴颈向右移动，由于锥面的作用，薄壁的轴承内圈产生径向弹性变形，将滚子与内、外圈滚道之间的间隙消除。调整妥当后，再将螺母 9 和调整螺母 4 上的锁紧螺钉拧紧。后轴

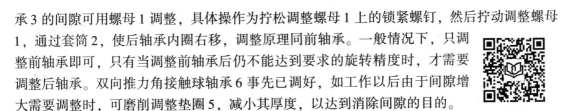

承3的间隙可用螺母1调整，具体操作为拧松调整螺母1上的锁紧螺钉，然后拧动调整螺母1，通过套筒2，使后轴承内圈右移，调整原理同前轴承。一般情况下，只调整前轴承即可，只有当调整前轴承后仍不能达到要求的旋转精度时，才需要调整后轴承。双向推力角接触球轴承6事先已调好，如工作以后由于间隙增大需要调整时，可磨削调整垫圈5，减小其厚度，以达到消除间隙的目的。

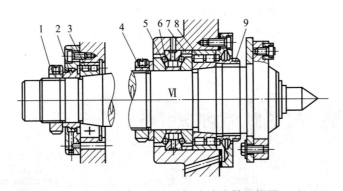

图 3.14　CA6140 型卧式车床主轴剖视图

1，4，9—螺母；2—套筒；3，8—双列圆柱滚子轴承；5—调整垫圈；
6—双向推力角接触球轴承；7—隔套

表 3.14　自我评价

知识与技能点	你的理解	掌握程度			
CA6140 型卧式车床主轴空心的作用		😀	😀	😀	😀
主轴前、后轴承间隙如何调整		😀	😀	😀	😀

任务十　主轴启、停和换向的操纵机构分析

学习任务

CA6140 型卧式车床进行车削加工时发生闷车现象，试分析其产生的原因，并指出解决办法。

知识要点

双向多片摩擦离合器 M_1 装在轴 I 上，它不仅能控制主轴的启动、停止和换向，还能起过载保护的作用。制动器安装在轴 IV 上，当摩擦离合器脱开时，制动器起制动作用，使主轴迅速停止转动，以缩短辅助时间。

一、双向多片式摩擦离合器的调整

1. 双向多片摩擦离合器的结构

如图 3.15 所示，双向多片摩擦离合器左右两部分的结构相似、工作原理相同。左离合器控制主轴正转，由于需要传递的转矩较大，所以摩擦片的片数较多。右离合器控制主轴反转，主要用于退刀，传递的转矩较小，所以摩擦片的片数较少。

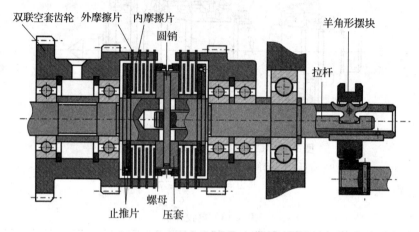

图 3.15　双向多片摩擦离合器的结构

双向多片摩擦离合器主要由内摩擦片、外摩擦片、止推片、压套、螺母、圆销、拉杆、羊角形摆块等组成。空套齿轮通过两个深沟球轴承支承在轴Ⅰ上，外摩擦片的四个凸起与空套齿轮的四个缺口槽结合，与空套齿轮一起旋转。内摩擦片装在轴Ⅰ的花键上，与轴Ⅰ一起旋转。多个内、外摩擦片相间安装。

2. 双向多片摩擦离合器的工作原理

当羊角形摆块右边被压下时，它绕销轴顺时针摆动，弧形尾部推动拉杆向左移动，通过固定在拉杆左端的圆销，带动压套和螺母一起左移，将左离合器的内、外摩擦片压紧在止推片上，轴Ⅰ的运动通过内、外摩擦片之间的摩擦力，带动双联空套齿轮旋转，实现主轴正传。同理，当羊角形摆块左端被压下时，它会使拉杆、压套右移，将右离合器的内、外摩擦片压紧，轴Ⅰ的运动传给右边的空套齿轮，实现主轴反转。当羊角形摆块没有被压下时，左右离合器的摩擦片均松开，主轴停转。

当机床过载时，摩擦片会打滑，主轴停止转动，从而避免损坏机床零部件，所以摩擦片离合器还有过载保护的功能。

3. 双向多片摩擦离合器间隙的调整

当摩擦片磨损后，压紧力减小，可通过压套上的螺母来调整。具体操作如图 3.16 所示，用工具压下弹簧销，转动螺母使其相对压套产生少量的轴向左移，即可调节摩擦片间的压紧力，从而改变离合器传递转矩的能力。调整妥当后，弹簧销复位，使其重新卡入螺母的缺口中，使螺母在运转中不会自行松开。

图 3.16　双向多片摩擦离合器间隙调整

二、闸带式制动器的调整

1. 制动器的结构及工作原理

CA6140 型卧式车床采用的是闸带式制动器。如图 3.17 所示，它是由制动轮、制动带、杠杆、齿条轴和调整螺钉等组成的。制动轮是一个钢制圆盘，通过花键与轴Ⅳ连接。制动带是一根钢带，它的内侧附有一层铜丝石棉，以增大制动带和制动轮之间的摩擦力。制动带绕在制动轮上，它的一端通过调整螺钉与主轴箱体连接，另一端固定在杠杆的上端。杠杆可以绕其支承轴进行摆动，当杠杆的下端与齿条轴上面的圆弧形凹槽 a 或 c 接触时，制动带就处于自然放松状态，制动器不起作用；当杠杆的下端与齿条轴上面的凸起 b 接触时，杠杆绕其支承轴逆时针摆动，这时制动带抱紧制动轮，产生摩擦制动力，使轴Ⅳ快速停止转动，通过各级齿轮副使主轴迅速停转。

2. 制动器的调整

如果制动效果差，可能是制动带变松了，这时可通过调整螺钉来调节制动带与制动轮之间的抱紧程度。具体操作是先拧松锁紧螺母，用内六角扳手转动调整螺钉，调整妥当后，再拧紧锁紧螺母即可。

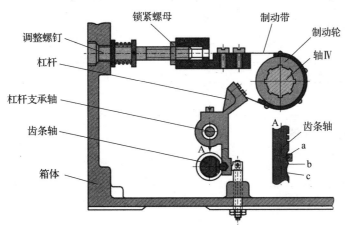

图 3.17　闸带式制动器的结构

三、摩擦离合器及制动器的操纵机构分析

图 3.18 为 CA6140 型卧式车床上控制主轴的开停、换向和制动的操纵机构。为了便于操作，在操纵杆上装有两个操纵手柄，分别位于进给箱和溜板箱的右侧。当操纵手柄向上扳动时，通过曲柄、拉杆、垂直轴使扇形齿板顺时针转动，带动齿条轴向右移动，经过拨叉拨动滑套一起右移，压下羊角形摆块的右端，使拉杆向左移动，双向多片摩擦离合器的左离合器接合，主轴正转；同理，当操纵手柄向下扳动时，右离合器接合，主轴反转。当操纵手柄处于中间位置时，左、右离合器均不接合，将主轴与动力源断开，而此时齿条轴上的凸起部分压着制动杠杆的下端，将制动带拉紧，使主轴能够迅速停转。

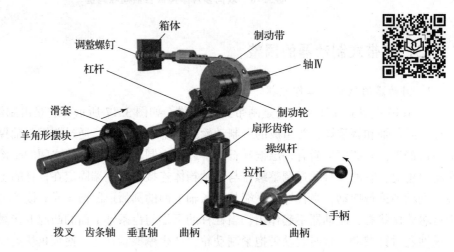

图 3.18　摩擦离合器及制动器的操纵机构

针对任务十的自我评价如表 3.15 所示。

表 3.15　自我评价

知识与技能点	你的理解	掌握程度			
能识别双向多片式摩擦离合器中的主要零件		😊	😊	😵	🤖
双向多片式摩擦离合器的工作原理		😊	😵	😵	🤖
双向多片式摩擦离合器中摩擦片的间隙如何调整		😊	😊	😵	🤖
能识别制动器中的主要零件		😊	😊	😊	🤖
制动器的工作原理		😊	😊	😊	🤖
制动器失灵如何调整		😊	😊	😵	🤖

任务十一 安全离合器结构分析及调整

为了防止进给机构过载或发生偶然事故时损坏机床部件，在 CA6140 型卧式车床溜板箱中有一个安全离合器。当工作转矩超过离合器设置的极限转矩时，离合器会自动停止传动，以保护机器中的重要零件不致损坏。要想提高进给机构传递的最大转矩，应如何调整安全离合器？

一、安全离合器的功用

安全离合器是防止进给机构过载或发生偶然事故时损坏机床部件的保护装置。在刀架机动进给过程中，如进给抗力过大或刀架移动受到阻碍时，安全离合器能自动断开轴的运动。因其结构较简单，且过载消失后能自动恢复正常工作，因此采用较多。

二、安全离合器的结构及工作原理

在 CA6140 型卧式车床传动系统图 3.9 中，安全离合器用 M_7 表示，其结构如图 3.19 所示，它由端面带螺旋齿爪的左、右两半部分组成，左半部通过平键与超越离合器的星形体连接，右半部与轴XX花键连接。正常工作情况下，通过弹簧的作用，离合器左、右两半部分处于啮合状态，以传递由超越离合器星形体传来的运动和转矩，并经花键传给轴XX。此时，安全离合器螺旋齿面上产生的轴向分力由弹簧平衡。当进给抗力过大或刀架移动受到阻碍时，通过安全离合器齿爪传递的转矩及产生的轴向分力将增大，当轴向分力大于弹簧的作用力时，

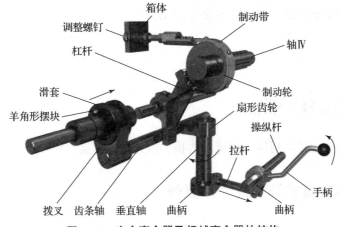

图 3.19 安全离合器及超越离合器的结构

离合器的右半部将压缩弹簧向右滑移，与左半部脱开接合，安全离合器打滑，从而断开刀架的机动进给。过载现象排除后，弹簧又将安全离合器的左、右两半部自动接合，恢复正常的机动进给。

三、安全离合器的调整

通过调整弹簧的压缩量，可以改变安全离合器所能传递的最大转矩。具体操作为：拧松锁紧螺母，转动调整螺母，使轴XX内孔中的拉杆通过圆销带动弹簧座一起轴向移动，从而改变弹簧的压缩量。

针对任务十一的自我评价如表 3.16 所示。

表 3.16   自我评价

知识与技能点	你的理解	掌握程度			
能识别安全离合器中的主要零件		😊	😐	😒	🤓
安全离合器的工作原理		😊	😐	😒	🤓
如何调整安全离合器所能传递的最大转矩		😊	😐	😒	🤓

任务十二   超越离合器结构分析

小王刚参加工作不久，今天他像往常一样开动 CA6140 型卧式车床，他发现主轴正转时，刀架却没有进给运动，经检查发现光杠已经转动，通过操纵进给机构使 M_8 或 M_9 接合，已知溜板箱传动件完好无损，你能分析出原因吗？

一、超越离合器的作用

超越离合器的作用是实现同一轴运动的快、慢速自动转换。

二、超越离合器的结构及工作原理

CA6140 型卧式车床传动系统图 3.9 中，超越离合器用 M_6 表示，其结构如图 3.20 所示，它主要由齿轮、星形体、三个滚柱、顶销和弹簧组成，其中齿数为 56 的空套齿轮作为超越离合器的外壳。

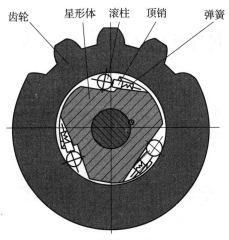

齿轮　星形体　滚柱　顶销　弹簧

图 3.20　超越离合器的结构

三、超越离合器的工作原理

当刀架机动工作进给时，空套齿轮按逆时针方向旋转，在弹簧及顶销的作用下，使滚柱挤向楔缝，并依靠滚柱与齿轮内孔孔壁间的摩擦力带动星形体随同齿轮一起转动，再经安全离合器带动轴XX转动，实现刀架机动进给。

当快速电动机启动时，运动由齿轮副 13/29 传至轴XX，星形体由轴XX带动做逆时针方向的快速旋转，此时，在滚柱与齿轮及星形体之间的摩擦力和惯性的作用下，滚柱压缩弹簧，移向楔缝的大端，从而脱开齿轮与星形体（轴XX）间的传动联系，齿轮不再为轴XX传递运动，轴XX由快速电动机带动做快速转动，刀架实现快速运动。

当快速电动机停止转动时，在弹簧力和摩擦力的作用下，滚柱又瞬间嵌入楔缝，并楔紧于齿轮和星形体之间，刀架立即恢复正常的工作进给运动。

由此可见，超越离合器可实现轴快、慢速运动的自动转换。此结构的超越离合器只能单向旋转，所以也称为单向超越离合器。

针对任务十二的自我评价如表 3.17 所示。

表 3.17　自我评价

知识与技能点	你的理解	掌握程度			
能识别超越离合器中的主要零件		😊	😐	😑	😵
超越离合器的结构		😊	😐	😑	😵

项目四　铣床的运动调整和典型结构分析

通过对 X6132 型铣床整机的认知，掌握铣床的结构组成，掌握铣床的传动系统和主要部件的结构，能进行铣床的调整计算，能排除铣床的常见故障。

任务一　认识 X6132 型铣床

要加工一批图 4.1 所示的转子，哪些表面可以用铣床加工？

图 4.1　转子三维图

一、铣床的用途

铣床是用铣刀对工件进行铣削加工的机床。铣削加工的范围很广泛，铣床的用途很多。如图 4.2 所示，铣床可以加工平面（水平面、垂直面等），各种沟槽（键槽、T 型槽、燕尾槽等），齿轮等分齿零件，螺纹、螺旋槽等成形表面，还能加工各种复杂曲面。

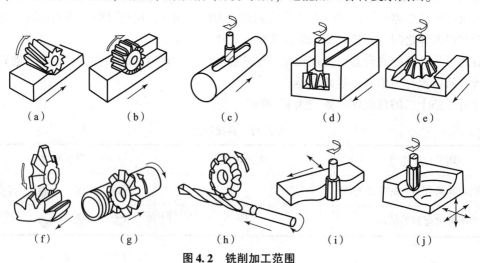

　（a）　　　　　　（b）　　　　　　（c）　　　　　　（d）　　　　　　（e）

　（f）　　　　　　（g）　　　　　　（h）　　　　　　（i）　　　　　　（j）

图 4.2　铣削加工范围

铣削的特点是使用旋转的多刃刀具进行加工，同时参加切削的齿数较多，整个切削过程是连续的，所以铣床的加工生产率较高。

对于每个刀齿来说，切削过程是断续的，切削力周期性变化，从而产生冲击和振动，这就要求铣床在结构上有较高的刚度和抗振性。

铣床的种类很多，一般按布局形式和适用范围加以区分，主要有卧式升降台铣床、立式升降台铣床、龙门铣床、工具铣床、仿形铣床及其他专门化铣床等，图4.3是各种常见类型的铣床。

(a)　　　　　　(b)　　　　　　(c)　　　　　　(d)

图4.3　各种常见类型的铣床

(a) 卧式升降台铣床；(b) 立式升降台铣床；(c) 龙门铣床；(d) 工具铣床

二、X6132 型铣床的主要组成部件及运动

X6132 型铣床的主运动是铣刀的旋转运动，进给运动是工作台纵、横、垂直 3 个方向的直线运动。

如图 4.4 所示，X6132 型万能卧式升降台铣床由床身、悬梁、主轴、刀杆、刀杆托架、工作台、回转刻度盘、床鞍、升降台、底座等组成。

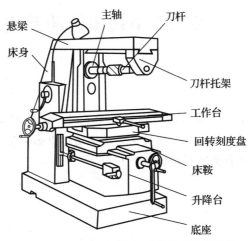

图 4.4　X6132 型万能卧式升降台铣床外形

各部分的作用：

（1）床身。床身是用来固定和支撑铣床上所有部件的，顶部有水平导轨，前部有燕尾型的垂直导轨，电动机、主轴及主轴变速机构都安装在床身内部。

（2）悬梁。悬梁可沿床身顶部的燕尾形导轨移动，以调整其伸出的长度。

（3）主轴。主轴是空心轴，前端有 7：24 的精密锥孔，用途是安装刀杆，并且带动铣刀旋转。

（4）刀杆。铣刀安装在刀杆上。

（5）刀杆托架。刀杆托架装在悬梁上，用来支撑刀杆外伸的一端，以加强刀杆的刚度，托架内装有滑动轴承，轴套与刀杆的间隙可手动调整。

（6）工作台。工件装夹在工作台上，工作台可沿回转刻度盘上的燕尾型导轨做纵向移动。

（7）回转刻度盘。回转刻度盘安装在床鞍上，带动工作台在 ±45° 范围内调整，用于铣削斜沟槽及螺旋表面。

（8）床鞍。床鞍可沿升降台上的燕尾形水平导轨，带动工作台做横向移动。

（9）升降台。升降台安装在床身的垂直导轨上，可以带动工作台做垂直方向的移动。升降台内装有进给运动变速传动装置、快速传动装置及其操纵机构。

（10）底座。底座内部是冷却液箱。

针对任务一的自我评价如表4.1所示。

表4.1　自我评价

知识与技能点	你的理解	掌握程度			
铣床的用途		😊	😊	😊	😊
铣削的特点		😊	😊	😊	😊
能辨别不同种类的铣床		😊	😊	😊	😊
X6132 型铣床的组成		😊	😊	😊	😊
X6132 型铣床的主运动和进给运动		😊	😊	😊	😊

任务二　X6132 型铣床传动系统分析

铣削加工不同精度的零件，所需要的切削用量不同。试根据 X6132 型铣床传动系统图分析主运动传动链和进给运动传动链。明确主运动传动链中如何控制换向和制动？进给运动传动链中如何控制机动进给和快速移动的转换？

一、主运动传动链

X6132 型铣床的传动系统如图 4.5 所示。铣床的主运动是铣刀的旋转运动，主运动传动链位于铣床床身内部，用于控制主轴变速、变向以及停止时的制动等。主电动机与主轴分别是主运动传动链的首末两端件。主运动由主电动机（7.5 kW、1 450 r/min）驱动，经 V 带传至轴Ⅱ，再经轴Ⅱ—Ⅲ间和轴Ⅲ—Ⅳ间两组三联滑移齿轮变速组、轴Ⅳ—Ⅴ间双联滑移齿轮变速组，使主轴具有 18 级转速（30 ~ 1 500 r/min）。

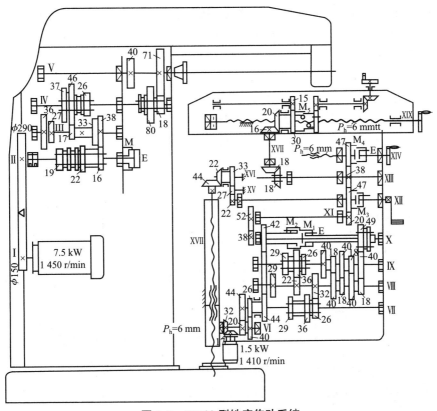

图 4.5　X6132 型铣床传动系统

主运动的传动路线表达式如下：

$$
\text{电动机}\left(\begin{smallmatrix}7.5\ kW\\1\ 450\ r/min\end{smallmatrix}\right)\frac{\phi150}{\phi290}-\text{II}-\begin{bmatrix}\dfrac{19}{36}\\[4pt]\dfrac{22}{33}\\[4pt]\dfrac{16}{38}\end{bmatrix}-\text{III}-\begin{bmatrix}\dfrac{27}{37}\\[4pt]\dfrac{17}{46}\\[4pt]\dfrac{38}{26}\end{bmatrix}-\text{IV}-\begin{bmatrix}\dfrac{80}{40}\\[4pt]\dfrac{18}{71}\end{bmatrix}-\text{V（主轴）}
$$

其中主轴旋转方向的改变由电动机的正、反转来实现。主轴的制动由装在轴 II 上的多片式电磁制动器 M 进行控制。

二、进给运动传动链

X6132 型铣床工作台可实现纵向、横向、垂直 3 个方向的机动进给运动以及三个方向的快速移动。

进给运动的首末两端件是进给电动机和工作台。如图 4.5 所示，进给电动机（1.5 kW、1 410 r/min）的运动经一对圆锥齿轮副 $\dfrac{17}{32}$ 传至轴 VI，然后根据轴 X 上的电磁离合器 M_1、M_2 的接合情况分为两条路线传动，分别控制工作台的快速移动和机动进给。当 M_1 脱开，M_2 接合时，运动经齿轮副 $\dfrac{40}{26}$、$\dfrac{44}{42}$ 及 M_2 传至轴 X。当 M_1 接合，M_2 脱开时，运动经齿轮副 $\dfrac{20}{40}$ 传至轴 VII，经两组三联滑移齿轮传至轴IX，再经过曲回机构及 M_1 将运动传至轴X。轴X的运动经过电磁离合器 M_3、M_4 和端面齿离合器 M_5 及相应的后续传动路线，使工作台分别实现垂直、横向和纵向的移动。

进给运动传动路线表达式如下：

$$
电动机\begin{pmatrix}1.5\ kW\\1\ 410\ r/min\end{pmatrix}-\frac{17}{32}-VI-\begin{bmatrix}\frac{20}{44}\end{bmatrix}-VII-\begin{bmatrix}\frac{29}{29}\\\frac{36}{22}\\\frac{26}{32}\end{bmatrix}-VIII-\begin{bmatrix}\frac{32}{26}\\\frac{29}{29}\\\frac{22}{36}\end{bmatrix}-
$$

$$
IX-\begin{bmatrix}\frac{40}{49}(左)\\\frac{18}{40}-\frac{18}{40}-\frac{40}{49}(中)\\\frac{18}{40}-\frac{18}{40}-\frac{18}{40}-\frac{18}{40}-\frac{40}{49}(右)\end{bmatrix}-M_1\ 合（工作进给）-\frac{40}{26}-\frac{44}{42}-M_2\ 合（快速移动）-
$$

$$
X-\frac{38}{52}-XI-\frac{20}{47}-\begin{bmatrix}\frac{47}{38}-XIII-\begin{bmatrix}\frac{18}{18}-XVIII-\frac{16}{20}-M_5\ 合-XIX（纵向进给）\\\frac{38}{47}-M_4\ 合-XIV（横向进给）\end{bmatrix}\\M_3\ 合-XII-\frac{22}{27}-\frac{27}{33}-\frac{22}{44}-XVII（垂直进给）\end{bmatrix}
$$

铣床工作台在相互垂直的 3 个方向上的机动进给量各有 21 级，其中，纵向及横向进给量范围为 10 ~ 1 000 mm/min，垂直进给量范围为 3.3 ~ 333 mm/min。进给运动的方向变换由进给电动机的正、反转来实现。

针对任务二的自我评价如表 4.2 所示。

表 4.2　自我评价

知识与技能点	你的理解	掌握程度			
独立分析 X6132 型铣床主运动传动链		😀	😊	😐	😵
独立分析 X6132 型铣床进给运动传动链		😀	😊	😐	😵

任务三　X6132 型铣床典型结构分析及调整

学习任务

在机加工车间中，X6132 型铣床在加工时出现主轴振动噪声大及窜动现象。请查找原因，并排除故障。

知识要点

一、主轴部件

铣床主轴用于安装和带动铣刀旋转。由于是断续切削，铣削力周期变化，易引起振动，所以要求主轴部件有较高的刚性和抗振性。

图 4.6 所示为 X6132 型铣床主轴部件结构，其基本形状为空心阶梯轴，前端孔径大于后端直径，使主轴前端具有较大的抗变形能力。主轴前端为 7：24 的精密锥孔，用于安装铣刀刀杆或端铣刀刀柄，使其能准确定心，保证铣刀刀杆或端铣刀的旋转中心与主轴旋转中心同轴，从而使它们在旋转时有较高的回转精度。主轴中心孔可穿入拉杆，拉紧并锁定刀杆或刀具，使它们定位可靠。端面键 5 用于连接主轴和刀杆，并通过端面键在主轴和刀杆之间传递扭矩。

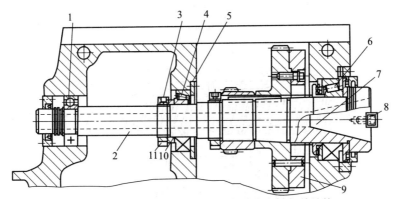

图 4.6　X6132 型万能卧式升降台铣床主轴部件结构

1—后支承；2—主轴；3—锁紧螺母；4—中间支承；5—轴承端盖；6—轴承；
7—主轴锥孔；8—端面键；9—飞轮；10—轴套；11—调整螺母

为提高刚性，主轴采用三支承结构，其中前、中支承为主支承，后支承为辅助支承。所谓主支承是指在保证主轴部件的回转精度和承受载荷等方面起主导作用，在制造和安装过程中其要求也高于辅助支承。X6132 型铣床主轴部件的前、中支承分别为圆锥滚子轴承，以承受作用在主轴上的径向力和左、右轴向力，并保证主轴的回转精度。后支承采用单列深沟球轴承，只起辅助作用。

主轴部件的前、中轴承采用一套间隙调整机构，其间隙通过螺母 11 来调整，当拧松锁紧螺母 3 后，用专用工具锁住螺母 11，然后顺时针转动主轴，使前、中轴承内圈之间的相对距离变小，两个轴承的间隙同时得到调整。调整后应使主轴在最高转速下试运转 1 h，轴承温度不超过 60 ℃。

为使主轴部件在运转中克服因切削力的变化而引起的转速不均匀性和振动，提高主轴部件运转的质量和抗振能力，在主轴前支承处的大齿轮上安装飞轮 9。飞轮在运转过程中的储能作用可减小因切削力周期性变化而引起的转速不均匀和振动，提高主轴运转的平稳性。

二、顺铣机构

铣床上对工件进行加工时，有两种加工方式。一种方式是铣刀刀尖最低点的切削速度方向与进给方向相反，这种方式称为逆铣，如图 4.7（a）所示；另一种方式是铣刀刀尖最低点切削速度方向与进给方向相同，这种方式称为顺铣，如图 4.7（b）所示。

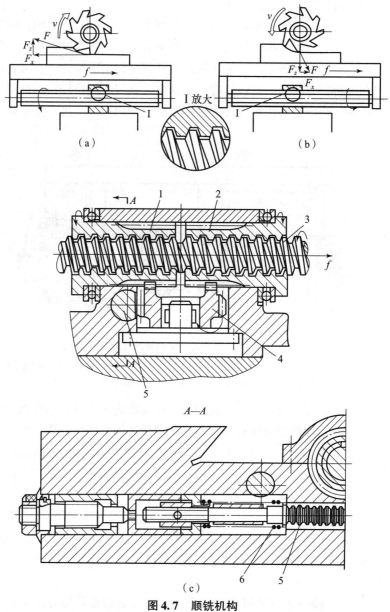

图4.7　顺铣机构

（a）逆铣；（b）顺铣；（c）顺铣机构结构

1—左螺母；2—右螺母；3—丝杠；4—冠状齿轮；5—齿条；6—弹簧

逆铣时，作用在工件上的水平切削分力 F_x 方向始终与进给方向相反，使丝杠的左侧螺旋面与螺母的右侧螺旋面始终保持接触，丝杠的右侧螺旋面与螺母的左侧螺旋面之间总留有一定的间隙，因此切削过程稳定。顺铣时，作用在工件上的水平切削分力 F_x 方向与接触角（铣刀从切入到切出之间铣削接触弧的中心角）的大小有关。当接触角大于一定数值后，切入工件时的水平切削力 F_x 可能与进给方向相反；当接触角不大时，F_x 与进给方向相同，同时 F_x 的大小是变化的，由于铣床进给丝杠与螺母存在一定的间隙，因此，顺铣时水平切削分力 F_x 的大小与方向的变化会造成工作台的间歇性窜动，使切削过程不稳定，引起振动甚至打刀。所以在采用顺铣方式加工时，应设法消除丝杠与螺母机构之间的间隙，而不采用顺

铣方式时又自动使丝杠与螺母之间保持合适的间隙，以减少丝杠与螺母之间不必要的磨损。

逆铣的优点是切削过程平稳，避免了工作台的窜动。缺点是工件已加工表面产生冷作硬化现象，加速刀具磨损并影响加工质量；工件所受垂直分力向上，不利于工件的夹紧。顺铣的优点是铣刀与工件不会产生挤压，已加工面的冷作硬化现象较轻，有利于保证加工面的质量，刀具耐用度比逆铣时提高 2~3 倍；作用在工件上的垂直切削分力将压紧工件，使工件定位夹紧更可靠。缺点是水平切削分力会导致工作台出现窜动现象，引起振动，甚至造成铣刀刀齿折断。

为了解决顺铣时工作台轴向窜动的问题，X6132 型铣床设有顺铣机构，其结构如图 4.7 (c) 所示。齿条 5 在弹簧 6 的作用下右移，使冠状齿轮 4 按箭头方向旋转，并通过左螺母 1 和右螺母 2 外圆的齿轮使两者做相反方向的转动（如图 4.7 中的箭头所示），从而使螺母 1 的螺纹左侧与丝杠螺纹右侧靠紧，螺母 2 的螺纹右侧与丝杠螺纹左侧靠紧。

顺铣时，丝杠 3 的进给力由螺母 1 承受，由于丝杠 3 与螺母 1 之间摩擦力 f 的作用，螺母 1 有随丝杠 3 转动的趋势，并通过冠状齿轮 4 使右螺母 2 产生与丝杠 3 反向旋转的趋势，从而消除了右螺母 2 与丝杠 3 间的间隙，不会产生轴向窜动。

逆铣时，丝杠 3 的进给力由右螺母 2 承受，两者之间产生较大的摩擦力，因而使右螺母 2 有随丝杠 3 一起转动的趋势，从而通过冠状齿轮 4 使左螺母 1 产生与丝杠 3 反向旋转的趋势，使左螺母 1 螺纹左侧与丝杠螺纹右侧脱开，减少丝杠的磨损。

三、孔盘变速操纵机构

X6132 型铣床的主运动及进给运动的变速操纵机构都采用了"孔盘变速操纵机构"来控制，下面以主变速操纵机构为例来进行分析。

孔盘变速操纵机构主要由拨叉、齿条轴、齿轮和孔盘组成，其控制三联滑移齿轮的工作原理如图 4.8 所示。

拨叉 1 固定在齿条轴 2 上，齿条轴 2 和 2′ 与齿轮 3 啮合。齿条轴 2 和 2′ 的右端是具有不同直径 D 和 d 的圆柱形阶梯轴，直径为 D 的台肩能穿过孔盘上的大孔，直径为 d 的台肩能穿过孔盘上的小孔。

变速时，先将孔盘右移，使其退离齿条轴，然后根据变速要求，以一定角度转动孔盘，再使孔盘左移复位。孔盘在复位时，可通过孔盘上对应齿条轴之处为大孔、小孔或无孔的不同状态，而使滑移齿轮获得左、中、右 3 种不同的位置，从而达到变速的目的。3 种工作状态如下。

（1）孔盘上对应齿条轴 2 的位置无孔，而对应齿条轴 2′ 的位置为大孔。孔盘复位时，向左顶齿条轴 2，并通过拨叉 1 将三联齿轮推到左位。齿条轴 2′ 则在齿条轴 2 及小齿轮 3 的共同作用下右移，直径为 D 的台肩穿过孔盘上的大孔，见图 4.8 （b）。

（2）孔盘上对应两齿条轴的位置均为小孔，齿条轴上直径为 d 的小台肩穿过孔盘上的小孔，两齿条轴均处于中间位置，从而通过拨叉使滑移齿轮处于中间位置，见图 4.8 （c）。

（3）孔盘上对应齿条轴 2 的位置为大孔，对应齿条轴 2′ 的位置无孔，这时孔盘顶齿条轴 2′ 左移，通过齿轮 3 使齿条轴 2 的台肩穿过大孔右移，并使齿轮处于右位，见图 4.8 （d）。

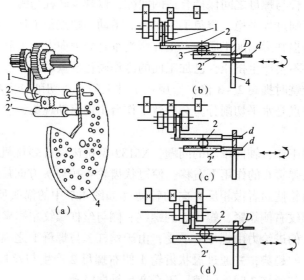

图 4.8　孔盘变速原理

(a) 结构图；(b)，(c)，(d) 左、中、右 3 种工作状态

1—拨叉；2，2′—齿条轴；3—齿轮；4—孔盘；D，d—圆柱直径

对于双联滑移齿轮，其齿条轴只需一段台肩，即可完成滑移齿轮左右两个工作位置的定位。

X6132 型万能卧式升降台铣床的主变速操纵机构如图 4.9 所示。该变速机构操纵了主运动传动链的两个三联滑移齿轮和一个双联滑移齿轮，使主轴获得 18 级转速，孔盘每转 20 转改变一种速度。变速由手柄 1 和速度盘 4 联合操纵。变速时，将手柄 1 向外拉出，手柄 1 绕销 3 摆动而脱开定位销 2，然后逆时针转动手柄 1 约 250°，经操纵盘 5、平键带动齿轮套筒6 转动，再经齿轮 9 使齿条轴 10 向右移动，其上拨叉 11 拨动孔盘 12 右移并脱离各组齿条轴。接着转动速度盘 4，经心轴、一对锥齿轮使孔盘 12 转过相应的角度（由速度盘 4 的速度标记确定）。最后反向转动手柄 1，通过齿条轴 10，由拨叉 11 将孔盘 12 向左推回原位，

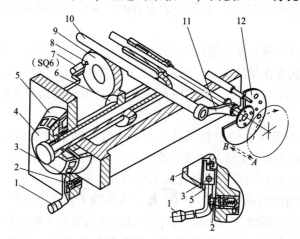

图 4.9　X6132 型万能卧式升降台铣床的主变速操纵机构

1—手柄；2—定位销；3—销；4—速度盘；5—操纵盘；6—齿轮套筒；

7—微动开关；8—凸块；9—齿轮；10—齿条轴；11—拨叉；12—孔盘

并由定位销 2 定位，使各滑移齿轮达到正确的啮合位置。

变速时，为了使滑移齿轮在移位过程中易于啮合，变速机构中设有主电动机瞬时点动控制。在速度操纵过程中，齿轮 9 上的凸块 8 压下微动开关 7，瞬时接通主电动机，使之产生瞬时转动，带动传动齿轮慢速转动，使滑移齿轮容易进入啮合。

针对任务三的自我评价如表 4.3 所示。

表 4.3　自我评价

知识与技能点	你的理解	掌握程度			
铣床主轴空心的作用		😊	😐	😕	🤓
主轴前、中轴承间隙如何调整		😊	😐	😕	🤓
什么是顺铣，什么是逆铣		😊	😐	😕	🤓
顺铣和逆铣的特点		😊	😐	😕	🤓
顺铣机构的工作原理		😊	😐	😕	🤓
孔盘变速操纵机构的工作原理		😊	😐	😕	🤓

任务四　万能分度头使用

学习任务

在铣床上用万能分度头加工直齿圆柱齿轮，已知齿数 $z = 26$，如何调整分度头？

知识要点

一、万能分度头的用途和结构

万能分度头是升降台铣床所配备的重要附件之一，用来扩大机床的工艺范围。分度头安装在铣床工作台上，被加工工件支承在分度头主轴顶尖与尾座顶尖之间或安装于分度头主轴前端的卡盘上。利用分度头可进行以下工作。

（1）使工件绕分度头主轴轴线回转一定角度，以完成等分或不等分的分度工作。如用于加工方头、六角头、花键、齿轮以及多齿刀具等。

（2）通过分度头使工件的旋转与工作台丝杠的纵向进给保持一定运动关系，以加工螺旋槽、交错轴斜齿轮及阿基米德螺旋线凸轮等。

（3）用卡盘夹持工件，使工件轴线相对于铣床工作台倾斜一定角度，以加工与工件轴线相交成一定角度的平面、沟槽及直齿锥齿轮等。

FW250 型万能分度头的外形及传动系统如图 4.10 所示。分度头主轴 9 安装在回转体 8

内，回转体 8 以两侧轴颈支承在底座 10 上，并可绕其轴线沿底座 10 的环形导轨转动，使主轴 9 在水平线以下 6°至水平线以上 90°范围内调整倾斜角度，调整后螺钉 4 将回转体 8 锁紧。主轴前端有一个莫氏锥孔，用以安装支承工件的顶尖；主轴前端还有一定位锥面，可用于三爪自定心卡盘的定位及安装。主轴后端莫氏锥孔用于安装交换齿轮轴，并经交换齿轮与侧轴连接，实现差动分度。分度头侧轴 5 可装上配换交换齿轮，以建立与工作台丝杠的运动联系。在分度头侧面可装上分度盘 3，分度盘在若干不同圆周上均布着不同的孔数。转动分度手柄 11，经传动比为 1∶1 的交错轴斜齿轮副和 1∶40 的蜗杆蜗轮副，带动主轴 9 回转。通过分度手柄 11 转过的转数及装在手柄槽内分度定位销 12 插入分度盘上孔的位置，就可使主轴转过一定角度，进行分度。

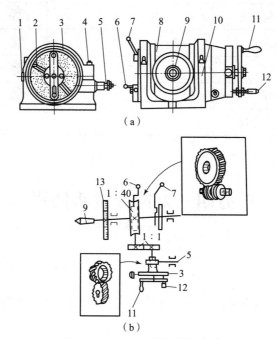

图 4.10　FW250 型万能分度头

（a）外形；（b）传动系统

1—紧固螺钉；2—分度叉；3—分度盘；4—螺钉；5—侧轴；6—蜗杆脱落手柄；7—主轴锁紧手柄；
8—回转体；9—主轴；10—底座；11—分度手柄；12—分度定位销；13—刻度盘

为了避免每一次分度要数一次孔数的麻烦，并且为了防止分错，在分度盘上附有分度叉，分度叉的夹角大小可以通过松开螺钉进行调整。

FW250 型万能分度头备有两块分度盘，每块分度盘前后两面皆有孔，孔数分别为

第一块　正面：24、25、28、30、34、37；

　　　　反面：38、39、41、42、43。

第二块　正面：46、47、49、51、53、54；

　　　　反面：57、58、59、62、66。

二、分度方法

万能分度头常用的分度方法有直接分度法、简单分度法和差动分度法等。

1. 直接分度法

松开主轴锁紧手柄 7，并用蜗杆脱落手柄 6 使蜗杆与蜗轮脱开啮合，用手直接转动主轴进行分度。分度头主轴的转角由安装在分度头主轴上的刻度盘和固定在壳体上的游标读出。分度完毕后，用主轴锁紧手柄 7 锁紧主轴，以免加工时转动。直接分度法仅用于对分度精度要求不高，且分度数目较少的工件。

2. 简单分度法

直接利用分度盘进行分度的方法，称为简单分度法。分度时用分度盘紧固螺钉 1 锁定分度盘，拔出分度定位销 12，转动分度手柄 11，通过传动系统使分度主轴转过所需的角度，然后将分度定位销 12 插入分度盘 3 相应的孔中。

分析图 4.10 传动系统得出，分度手柄转 40 转，主轴转 1 转。

设工件的等分数为 z，分度手柄每次应该转过的转数为

$$n_{手} = \frac{40}{z} = \frac{a + p}{q}$$

式中，a——分度时手柄所转过的整圈数；

q——所用分度盘中孔圈的孔数；

p——手柄转过整数转后，在 q 个孔圈上转过的孔距数。

在分度时，q 值应尽量取分度盘上能实现分度的较大值，这样可使分度精度高些。

例 4 – 1 在铣床上加工齿数 $z = 28$ 的直齿圆柱齿轮，用 FW250 型万能分度头分度，试进行调整计算。

解 $n_{手} = \frac{40}{z} = \frac{40}{28} = 1 + \frac{3}{7} = 1 + \frac{21}{49}$

即每铣完一个齿，分度手柄需要先转过 1 整圈，再在 49 的孔圈上转过 21 个孔距。

3. 差动分度法

由于分度盘的孔圈有限，有些分度数（尤其是质数）找不到合适的孔圈，无法用直接分度法，比如分度数 73、83、113 等，此时，应采用差动分度法。

用差动分度法进行分度时，应松开分度盘紧固螺钉 1，并在主轴和挂轮轴之间安装交换齿轮 z_1、z_2、z_3、z_4，使分度盘回转，补偿所需的角度，其安装形式如图 4.11（a）所示。

差动分度法的基本思路：假设工件需分度 z（例如 $z = 77$），手柄应转过 $40/z$ 转，没有合适的孔圈，可先选择一个假定分度数 z_0（例如 $z_0 = 75$），手柄转 $40/z_0$，此时分度差值为 $40/z - 40/z_0$，这个差值通过分度盘旋转来补偿。

分度手柄和分度盘之间的运动关系：分度手柄转 $40/z$ 转，分度盘转 $40/z - 40/z_0$ 转。得出换置公式：

$$\frac{z_1}{z_2} \times \frac{z_3}{z_4} = \frac{40(z_0 - z)}{z_0}$$

式中，z 是工件的等分数；z_0 表示假想等分数。

FW250 型万能分度头所配备的交换齿轮齿数有 20、25、30、35、40、50、55、60、70、80、90、100。

注意：z_0 应接近 z，并能与 40 相约，且有相应的挂轮。当 $z_0 > z$ 时，分度盘旋转方向与

手柄转向相同；当 $z_0 < z$ 时，分度盘旋转方向与手柄转向应相反。分度盘方向的改变通过在 z_3 和 z_4 间加惰轮来实现。

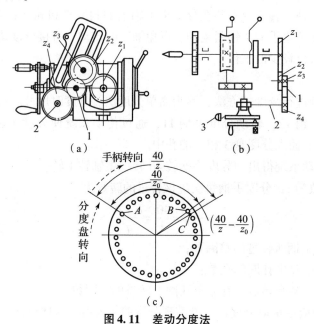

图 4.11　差动分度法

（a）交换齿轮安装位置；（b）传动系统；（c）分度原理

1—交换齿轮；2—侧轴；3—紧固螺钉

例 4 - 2　在铣床上加工齿数 $z = 77$ 的直齿圆柱齿轮，用 FW250 型万能分度头分度，试进行调整计算。

解　因 77 无法与 40 相约，分度盘上又无 77 孔的孔圈，故采用差动分度法。

取假定分度数 $z_0 = 75$。

1）确定分度盘孔圈及插销应转过的孔间距数

$$n_{手} = \frac{40}{z_0} = \frac{40}{75} = \frac{8}{15} = \frac{16}{30}$$

即选孔数为 30 的孔圈，使分度手柄转过 16 个孔距。

2）计算交换齿轮数

$$\frac{z_1}{z_2} \times \frac{z_3}{z_4} = \frac{40(z_0 - z)}{z_0} = \frac{40 \times (75 - 77)}{75} = -\frac{80}{75} = -\frac{16}{15} = -\frac{4 \times 4}{3 \times 5} = \frac{80}{60} \times \frac{40}{50}$$

因 $z_0 < z$，所以分度盘旋转方向应与手柄转向相反。

针对任务四的自我评价如表 4.4 所示。

表 4.4　自我评价

知识与技能点	你的理解	掌握程度			
万能分度头的用途		😊	😐	😟	😖
万能分度头的分度方法		😊	😐	😟	😖
能根据分度要求，进行调整计算		😊	😐	😟	😖

项目五　磨床的运动调整和典型结构分析

通过对 M1432A 型万能外圆磨床整机的认知，掌握机床的结构组成，掌握 M1432A 型万能外圆磨床的运动及定程机构的调整。

任务一　认识 M1432A 型万能外圆磨床

学习任务

加工一批如图 5.1 所示的转子，哪些表面需要用磨床加工？用哪一类磨床加工呢？

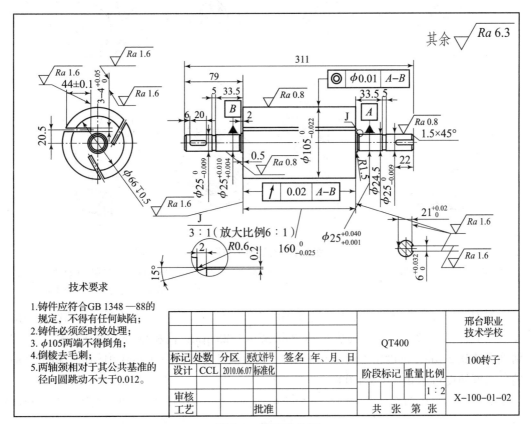

图 5.1　转子零件图

一、磨床的概念

用磨料磨具（如砂轮、砂带、油石、研磨剂等）为工具进行切削加工的机床称为磨床，它是精密加工机床的一种。通常把使用砂轮加工的机床称为磨床，如外圆磨床、平面磨床，而把用油石、研磨料作为切削工具的机床称为"精磨机床"。

磨床可以加工各种表面，如内外圆柱面和圆锥面、平面、齿轮齿面、螺旋面以及各种成形面等，还可以刃磨刀具和进行切断等，工艺范围十分广泛，如图 5.2 所示。

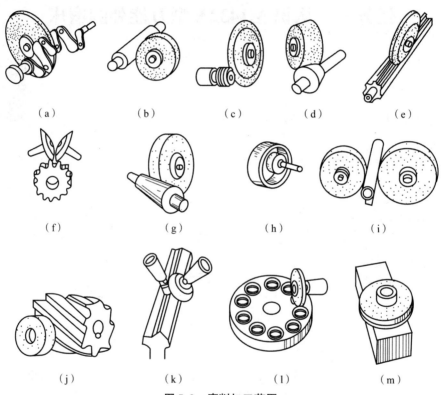

图 5.2　磨削加工范围

（a）曲轴磨削；（b）外圆磨削；（c）螺纹磨削；（d）成形磨削；（e）花键磨削；（f）齿轮磨削；（g）圆锥磨削；
（h）内圆磨削；（i）无心外圆磨削；（j）刀具刃磨；（k）导轨磨削；（l）平面磨削（一）；（m）平面磨削（二）

磨削加工较容易获得高的加工精度和细的表面粗糙度，在一般条件下，外圆磨床的加工精度可达 IT5 ~ IT6 级，表面粗糙度可达 $Ra0.32 \sim 1.25\ \mu m$；高精度外圆磨床的精密磨削尺寸精度可达 $0.2\ \mu m$，圆度精度可达 $0.1\ \mu m$，表面粗糙度可控制到 $Ra0.01\ \mu m$。精密平面磨削的平面度精度可达 0.001 5/1 000 。

所有磨床的主运动都是砂轮的高速旋转运动，进给运动则取决于加工工件表面的形状以及所采用的磨削方法，它可以由工件或砂轮完成，也可以由两者共同完成。

二、磨床的种类

磨床的种类很多，按用途和采用的工艺方法不同，大致可分为以下几类。

（1）外圆磨床。主要磨削回转表面，包括万能外圆磨床、外圆磨床及无心外圆磨床等。

（2）内圆磨床。主要包括内圆磨床、无心内圆磨床及行星内圆磨床等。

（3）平面磨床。用于磨削各种平面，包括卧轴矩台平面磨床、立轴矩台平面磨床、卧轴圆台平面磨床及立轴圆台平面磨床等。

（4）工具磨床。用于磨削各种工具，如样板或卡板等，包括工具曲线磨床、钻头沟槽（螺旋槽）磨床、卡板磨床及丝锥沟槽磨床等。

（5）刀具、刃具磨床。用于刃磨各种切削刀具，包括万能工具磨床（能刃磨各种常用刀具）、拉刀刃磨床及滚刀刃磨床等。

（6）专门化磨床。专门用于磨削一类零件上的一种表面，包括曲轴磨床、凸轮轴磨床、花键轴磨床、活塞环磨床、球轴承套圈沟磨床及滚子轴承套圈滚道磨床等。

（7）研磨机。以研磨剂为切削工具，用于对工件进行光整加工，以获得很高的精度和很小的表面粗糙度。

（8）其他磨床。包括珩磨机、抛光机、超精加工机床及砂轮机等。

图 5.3 所示是几种常见的磨床。

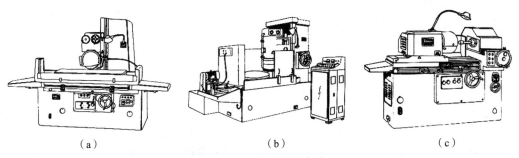

图 5.3　几种常见的磨床

（a）卧轴矩台平面磨床；（b）立轴圆台平面磨床；（c）内圆磨床

三、M1432A 型万能外圆磨床的主要组成部件

M1432A 型万能外圆磨床主要用于磨削内外圆柱面、内外圆锥面、阶梯轴轴肩、端面和简单的成形回转体表面等。它属于普通精度级机床，磨削加工精度可达 IT6 ~ IT7 级，表面粗糙度 Ra 在 1.25~0.08 μm 之间。这种磨床万能性强，但磨削效率不高，自动化程度较低，适用于工具车间、维修车间和单件小批量生产类型。

M1432A 型万能外圆磨床的外形如图 5.4 所示，它由下列主要部件组成。

（1）床身。它是磨床的基础支承件，用以支承和定位机床的各个部件。

（2）头架。它用于装夹和定位工件并带动工件做自转运动。当头架体旋转一个角度时，可磨削短圆锥面；当头架体做逆时针回转90°时，可磨削小平面。

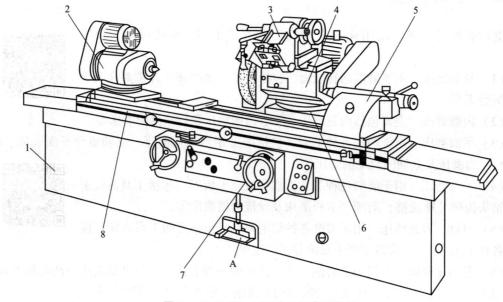

图5.4　M1432A 型万能外圆磨床外形

1—床身；2—头架；3—内圆磨具；4—砂轮架；

5—尾座；6—滑鞍；7—手轮；8—工作台；A—脚操纵板

（3）砂轮架。它用以支承并传动砂轮主轴高速旋转，砂轮架装在滑鞍上，回转角度为±30°，当需要磨削短圆锥面时，砂轮架可调至一定的角度位置。

（4）内圆磨具。它用于支承磨内孔的砂轮主轴。

（5）尾座。尾座上的后顶尖和头架前顶尖一起支承工件。

（6）工作台。它由上工作台和下工作台两部分组成。上工作台可绕下工作台的心轴在水平面内调至某一角度位置，用以磨削锥度较小的长圆锥面。工作台台面上装有头架和尾座，这些部件随着工作台一起，沿床身纵向导轨做纵向往复运动。

（7）滑鞍及横向进给机构。转动横向进给手轮，通过横向进给机构带动滑鞍及砂轮架做横向移动；也可利用液压装置，通过脚操纵板使滑鞍及砂轮架做快速进退或周期性自动切入进给。

四、M1432A 型万能外圆磨床的运动

图 5.5 是磨床几种典型表面的加工示意图。

1. 磨外圆

如图 5.5（a）所示，外圆磨削所需的运动包括：

（1）砂轮旋转运动 $n_砂$，它是磨削外圆的主运动；

（2）工件旋转运动 $n_周$，它是工件的圆周进给运动；

（3）工件纵向往复运动 $f_纵$，它是磨削出工件全长所必需的纵向进给运动；

（4）砂轮横向进给运动 $f_横$，它是间歇的切入运动。

2. 磨长圆锥面

如图 5.5（b）所示，所需的运动和磨外圆时一样，所不同的是将工作台调至一定的角度位置。这时，工件的回转中心线与工作台纵向进给方向不平行，所以磨削出来的表面是圆锥面。

3. 切入法磨外圆锥面

如图 5.5（c）所示，将砂轮调整至一定的角度位置，工件不做往复运动，砂轮做连续的横向切入进给运动。这种方法仅适合磨削短的圆锥面。

4. 磨内锥孔

如图 5.5（d）所示，将工件装夹在卡盘上，并调整至一定的角度位置。这时磨外圆的砂轮不转，磨削内孔的内圆砂轮做高速旋转运动 $n_{内}$，其他运动与磨外圆时类似。

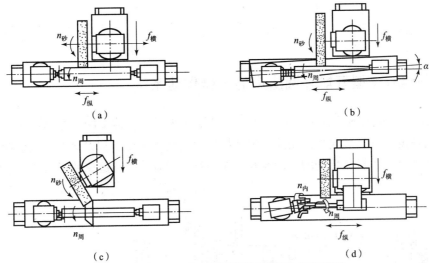

图 5.5　M1432A 型万能外圆磨床典型加工示意图

（a）纵磨法磨外圆柱面；（b）扳转工作台用纵磨法磨长圆锥面；
（c）扳转砂轮架用切入法磨短圆锥面；（d）扳转头架用纵磨法磨内圆锥面

从上述 4 种典型表面加工的分析中可知，机床应具有下列运动。

（1）主运动：①磨外圆砂轮的旋转运动 $n_{砂}$；②磨内孔砂轮的旋转运动 $n_{内}$。主运动由两个电动机分别驱动，并设有互锁装置。

（2）进给运动：①工件旋转运动 $n_{周}$；②工件纵向往复运动 $f_{纵}$；③砂轮横向进给运动 $f_{横}$。往复纵磨时，横向进给运动是周期性间歇进给；切入法磨削时，是连续进给运动。

（3）辅助运动：包括砂轮架快速进退、工作台手动移动以及尾座套筒的退回等。

针对任务一的自我评价如表 5.1 所示。

表 5.1　自我评价

知识与技能点	你的理解	掌握程度			
磨床的用途		😊	😐	😕	🤓
能辨别不同种类的磨床		😊	😐	😕	🤓
M1432A 型万能外圆磨床的组成		😊	😐	😕	🤓
M1432A 型万能外圆磨床上的运动有哪些		😊	😐	😕	🤓

任务二 M1432A 型万能外圆磨床传动系统分析

学习任务

在 M1432A 型万能外圆磨床上采用定程磨削加工一批零件后，发现工件直径尺寸大了 0.07 mm，应如何进行补偿调整？

知识要点

一、M1432A 型万能外圆磨床的机械传动系统

M1432A 型万能外圆磨床的工作运动是由机械和液压联合传动的。在该机床中，除了工作台的纵向往复运动，砂轮架的快速进退和周期自动切入进给，以及尾座顶尖套筒的缩压传动，其余运动都是由机械传动的。图 5.6 是 M1432A 型万能外圆磨床的机械传动系统。

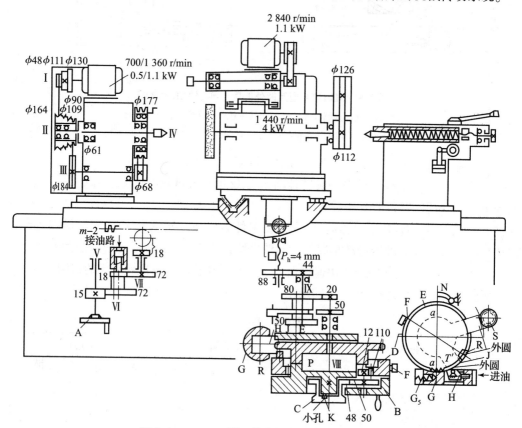

图 5.6 M1432A 型万能外圆磨床机械传动系统

1. 外圆磨削砂轮的传动链

砂轮主轴的运动是由砂轮架电动机（1 440 r/min，4 kW）经 4 根 V 形带直接传动的。砂轮主轴的转速达 1 670 r/min。

2. 头架拨盘（带动工件）的传动链

拨盘的运动是由双速电动机（700/1 360 r/min，0.55/1.1 kW）驱动的，经 V 形带塔轮及两级 V 形带传动，使头架的拨盘或卡盘带动工件，实现圆周运动。其传动路线表达式为

$$\text{双速电动机}\genfrac{}{}{0pt}{}{\left(\begin{array}{c}700/1\,360\ \text{r/min}\\0.55/1.1\ \text{kW}\end{array}\right)}{}\!\!\!-\text{I}-\left[\begin{array}{c}\dfrac{\phi48}{\phi164}\\[4pt]\dfrac{\phi110}{\phi109}\\[4pt]\dfrac{\phi130}{\phi90}\end{array}\right]-\text{II}-\dfrac{\phi61}{\phi184}-\text{III}-\dfrac{\phi68}{\phi177}-\text{IV拨盘（工件）}$$

3. 内圆磨具的传动链

内圆磨削砂轮主轴由内圆砂轮电动机（2 840 r/min，1.1 kW）经平带直接传动。更换平带轮可使内圆砂轮主轴得到两种转速。

内圆磨具装在支架上，为了保证工作安全，内圆砂轮电动机的启动与内圆磨具支架的位置有互锁作用，只有当支架翻到工作位置时，电动机才能启动。同时，砂轮架快速进退手柄在原位上自动锁住，不能快速移动。

4. 工作台的手动驱动

调整机床及磨削阶梯轴的台阶时，工作台还可由手轮 A 驱动。

为了避免工作台纵向运动时带动手轮 A 快速转动碰伤操作者，采用了互锁液压缸。轴 VI 的互锁液压缸和液压系统相通，工作台运动时压力油推动轴 VI 上的双联齿轮移动，使齿轮 z_{18} 与 z_{72} 脱开。因此，液压驱动工作台纵向运动时手轮 A 并不转动。当工作台不用液压传动时，互锁液压缸上腔连通油池，在液压缸内的弹簧作用下，齿轮副 18/72 重新啮合传动，转动手轮 A，便可实现工作台手动纵向直线移动。

5. 滑鞍及砂轮架的横向进给运动传动链

横向进给运动，可摇动手轮 B 来实现，也可由进给液压缸的柱塞 G 驱动，实现周期的自动进给。传动路线表达式为

$$\left.\begin{array}{c}\text{手轮 B}\\\text{（手动进给）}\\[6pt]\text{进给液压缸柱塞 G}\\\text{（自动进给）}\end{array}\right|-\text{VIII}-\left[\begin{array}{c}\dfrac{50}{50}\\[4pt]\dfrac{20}{80}\end{array}\right]-\text{IX}-\dfrac{44}{88}-\text{横向进给丝杠}(P_{\text{h}}=4\ \text{mm})$$

横向手动进给分粗进给和细进给。粗进给时，将手柄 E 前推，转动手轮 B 经齿轮副 50/50、44/88、丝杠使砂轮架做横向粗进给运动。手轮 B 转 1 转，砂轮架横向移动 2 mm，手轮 B 的刻度盘 D 上分为 200 格，则每格的进给量为 0.01 mm。细进给时，将手柄 E 拉到图 5.6 所示位置，经齿轮副 20/80 和 44/88 啮合传动，则砂轮架做横向细进给时，手轮 B 转 1 转，砂轮架横向移动 0.5 mm，刻度盘上每格进给量为 0.002 5 mm。

6. 定程磨削及调整

磨削一批工件时，为了简化操作及节省时间，通常在试磨第一个工件达到要求的直径

后，就调整刻度盘上挡块 F 的位置（见图 5.6），使它在横向进给磨削达到所需要直径时，正好与固定在床身前罩上的定位爪相碰。因此，磨削后续工件时只需摇动横向进给手轮（或开动液压自动进给），挡块 F 碰在定位爪上时，停止进给（或液压自动停止进给），就可达到所需的磨削直径。上述过程就叫定程磨削。

当砂轮磨损或修整后，由于挡块 F 控制的工件直径变大了，这时，必须调整砂轮架的行程终点位置，也就是调整刻度盘 D 上挡块 F 的位置。

调整的方法是：拔出旋钮 C，使它与手轮 B 上的销子脱开，顺时针方向转动旋钮 C，经齿轮副 48/50 带动齿轮 z_{12} 旋转，z_{12} 与刻度盘 D 的内齿轮 z_{110} 相啮合，于是使刻度盘 D 逆时针方向转动。刻度盘 D 应转过的格数，根据砂轮直径减小所引起的工件尺寸变化量确定。粗进给时，刻度盘上每格的进给量为 0.01 mm；细进给时，每格进给量为 0.002 5 mm。调整妥当后将旋钮 C 的销孔推入手轮 B 的销子上，使旋钮 C 和手轮 B 成为一个整体。

针对任务二的自我评价如表 5.2 所示。

表 5.2　自我评价

知识与技能点	你的理解	掌握程度			
定程磨削的结构		😊	😐	😑	😵
批量磨削时，如何根据零件尺寸变化进行机床的调整		😊	😐	😑	😵

项目六　其他通用机床简介

通过本章学习，了解常用的齿轮加工机床、钻床、镗床、插床以及拉床的分类、工艺范围和主要组成部件，能依据工件加工表面的形状及精度要求合理选用其他类型机床。

任务一　认识 Y3150E 型滚齿机

某客户要求加工一批斜齿圆柱齿轮（如图 6.1 所示），$z = 79$，$m_n = 3$ mm，右旋，8 级精度，请问该如何选择齿轮加工机床？

一、齿轮加工机床概述

齿轮加工机床是用于加工各种齿轮轮齿表面的机床。由于齿轮传动准确可靠、效率高，在高速重载下的齿轮传动装置体积较小，所以，齿轮在各种机械及仪表中被广泛应用。随着科学技术的不断发展，对齿轮的需求量、传动精度和圆周速度等的要求日益提高，齿轮加工机床已成为机械制造业中一种重要的加工设备。

1. 齿轮加工方法

按形成齿轮轮齿的原理来分，齿轮的加工方法可分为成形法和展成法两类。

1）成形法

成形法加工齿轮所采用的刀具为成形刀具，其刀刃形状与被加工齿轮齿槽形状相吻合。例如在铣床上用成形铣刀铣削齿轮，当齿轮模数 $m \leq 10$ 时，可采用模数盘铣刀进行加工，如图 6.2（a）所示；当 $m > 10$ 时，则采用模数指状铣刀进行加工，如图 6.2（b）所示。用这种方法加工，每次只加工一个齿槽，然后用分度装置进行分度而依次切出齿轮来。这种方法的优点是可以在通用机床如万能升降台铣床或刨床上用分度装置进行加工；缺点是不能获得准确的渐开线齿形，因为同一模数的齿轮齿数不同，齿形曲线也不相同，但同一模数的铣刀，一般一套只有 8 把或 15 把，见表 6.1。每一把铣刀只能加工一定齿数范围的齿轮，其齿形曲线是按该范围内最小齿数的齿形制造的，因此，在加工其他齿数的齿轮时就存在着不同程度的齿形误差。所以，它只适用于单件小批量生产和机修车间中精度不高的齿轮的加工。

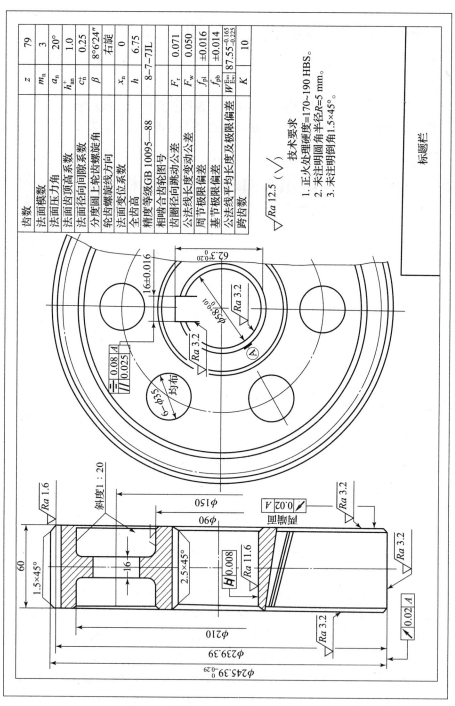

图 6.1　卧式斜齿圆圆柱齿轮零件

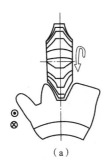
（a）

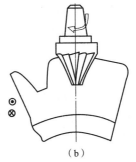
（b）

图 6.2　成形法齿轮加工

表 6.1　模数铣刀的刀号和加工范围

刀　号	1	2	3	4	5	6	7	8
齿数加工范围	12～13	14～16	17～20	21～25	26～34	35～54	55～134	135 以上

2）展成法

按展成法加工圆柱齿轮所用的基本原理是建立在齿轮的啮合原理基础上的，下面以滚齿加工为例加以说明。

展成法加工齿轮是利用齿轮啮合的原理，把齿轮副（齿条—齿轮、齿轮—齿轮）中的一个转化为刀具，另一个转化为工件，并强制刀具和工件做严格的啮合运动而展成切出齿廓。

下面以滚齿加工为例加以说明。滚齿机上滚齿加工的过程，相当于一对交错轴螺旋齿轮啮合运动的过程，如图 6.3（a）所示，只是其中一个螺旋齿轮的齿数极少（常用的齿数为 1），且分度圆上的螺旋升角也很小，所以这个螺旋齿轮便成了蜗杆形状，如图 6.3（b）所示。如果在这个蜗杆形螺旋齿轮的圆柱面上等分地开有一定数量的槽，加以铲背、淬火以及刃磨出前面和后面，就形成了一把齿轮滚刀，如图 6.3（c）所示。渐开线齿形是滚刀在旋转中依次对轮坯切削的数条刀刃线包络而成的。展成法切齿所用的刀具，其切削刃的形状相当于齿条或齿轮的齿廓，它与被加工齿轮的齿数没有关系。用展成法加工齿轮，可以用同一把刀具加工同一模数不同齿数的齿轮，其加工精度和生产率较高，因此，各种齿轮加工机床广泛应用这种方法。

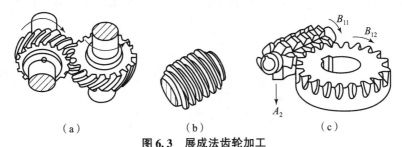
（a）　　　　　　　　（b）　　　　　　　　（c）

图 6.3　展成法齿轮加工

2.　齿轮加工机床分类

按照被加工齿轮种类不同，齿轮加工机床可分为圆柱齿轮加工机床和圆锥齿轮加工机床两大类。

1）圆柱齿轮加工机床

（1）滚齿机。主要用于加工直齿、斜齿圆柱齿轮和蜗轮。

（2）插齿机。主要用于加工单联及多联的内、外直齿圆柱齿轮。

（3）剃齿机。主要用于淬火前的直齿和斜齿圆柱齿轮的齿廓精加工。

（4）珩齿机。主要用于对热处理后的直齿和斜齿圆柱齿轮的齿廓加工。珩齿对齿形精度改善不大，主要是减小齿面的表面粗糙度值。

（5）磨齿机。主要用于淬火后的圆柱齿轮的齿廓精加工。

2）圆锥齿轮加工机床

对加工圆锥齿轮的机床，一般按轮齿形状和加工方法分为直齿锥齿轮加工机床和弧齿锥齿轮加工机床等。

（1）直齿锥齿轮加工机床。包括刨齿机、铣齿机、拉齿机和磨齿机等。

（2）弧齿锥齿轮加工机床。包括弧齿锥齿轮铣齿机、弧齿锥齿轮拉齿机和弧齿锥齿轮磨齿机等。

此外，齿轮加工机床还包括加工齿轮所需的倒角机、淬火机和滚动检查机等。

二、Y3150E 型滚齿机

Y3150E 型滚齿机用于加工直齿和斜齿圆柱齿轮，并可用手动径向进给加工蜗轮，还可用于加工花键轴及链轮。

机床的主要技术参数：加工齿轮最大直径为 500 mm，最大宽度为 250 mm，最大模数为 8 mm，最小齿数为 $5K$（K 为滚刀头数），允许安装滚刀尺寸（直径×长度）为 160 mm × 160 mm。

1. Y3150E 型滚齿机主要组成部件

如图 6.4 所示，机床由床身、立柱、刀架溜板、滚刀架、后立柱和工作台等主要部件组成。立柱 2 固定在床身上。刀架溜板 3 带动滚刀架 5 可沿立柱导轨做垂直进给运动和快速移动。安装滚刀的刀杆 4 装在滚刀架 5 的主轴上，滚刀架连同滚刀一起可沿刀架溜板的圆形导轨在 0°~240° 角度内套装调整安装角度。工件安装在工作台 9 的心轴 7 上或直接安装在工作台上，随同工作台一起做旋转运动。工作台和后立柱装在同一溜板上，并沿床身的水平导轨做水平调整移动，以调整工件的径向位置或做手动径向进给运动。后立柱上的支架 6 可通过轴套或顶尖支承心轴的上端，以增加心轴的刚度，从而增加滚切工作的平稳性。

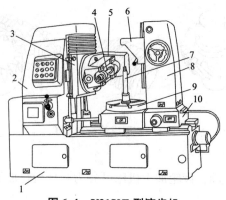

图 6.4 Y3150E 型滚齿机

1—床身；2—立柱；3—刀架溜板；4—刀杆；5—滚刀架；6—支架；7—心轴；8—后立柱；9—工作台；10—床鞍

2. Y3150E 型滚齿机的运动

滚切直齿圆柱齿轮时，轮齿表面成形运动有形成渐开线（母线）的运动和形成直线（导线）的运动。渐开线由滚刀旋转（B_{11}）与工件旋转（B_{12}）组成的复合成形运动实现；直线由滚刀的旋转 B_{11} 和刀架沿工件轴线的直线运动（A_2）实现，这两个运动属于简单成形运动。

1）展成运动（工件的旋转运动）

如图 6.5 所示，由滚刀主轴经 "4—5—u_x—6—7" 传动工作台的传动链为展成运动传动链，该传动链为内联系传动链。滚刀与工件间必须准确地保持一对啮合齿轮的传动比关系。设滚刀头数为 k，工件齿数为 z，则每当滚刀转 1 转时，工件应转 z/k 转，u_x 为传动链的换置机构，是根据滚刀头数和被加工齿轮的齿数确定的，以保证展成运动所需的运动关系。

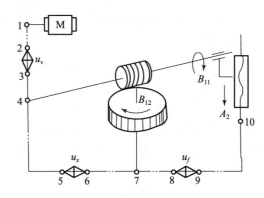

图 6.5 加工直齿圆柱齿轮的传动原理

2）主运动（滚刀的旋转运动）

为了实现展成运动，还需接入动力源，使滚刀和工件获得所需的速度，这条传动链由电动机经 "1—2—u_v—3—4" 传至滚刀主轴，由电动机至滚刀主轴的传动链称为主运动传动链，该传动链为外联系传动链。传动链中的换置机构 u_v 用来调整渐开线成形运动的快慢。

3）轴向进给运动（刀架的轴向移动）

通常将工作台作为间接动力源，工作台经 "7—8—u_f—9—10" 传至滚刀刀架的传动链称轴向进给运动传动链，该传动链为外联系传动链。传动链中的换置机构 u_f 用于调整工件转 1 转时刀架轴向位移量的大小，以满足工艺上的要求。

斜齿圆柱齿轮与直齿圆柱齿轮不同之处在于齿线不是直线，而是螺旋线。因此，当加工斜齿圆柱齿轮时，除加工直齿圆柱齿轮所需的 3 个运动外，为了形成螺旋线，工件还需要做个附加旋转运动，如图 6.6（a）所示，这个附加运动就像普通车床切削螺纹一样，当滚刀轴向移动工件螺旋线的一个导程 L 时，工件应附加转过 1 转。刀架经 "12—13—u_y—14—15—合成机构—6—7—u_x—8—9" 传至工作台的传动链称为附加运动传动链，如图 6.6（b）所示。

3. 机床的工作调整

1）滚刀旋转方向和展成运动方向的确定

滚切齿轮时，不仅要解决各传动链两端件相对运动的数量关系，即配算符合相对运动所需的传动比的挂轮，还需确定各运动的旋转方向，如果旋转方向不正确，就加工不出符合要求的齿轮。

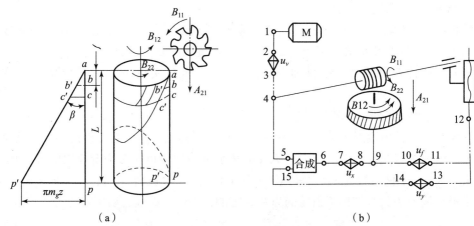

图6.6　加工斜齿圆柱轮的传动原理

（a）滚切斜齿圆柱齿轮示意图；（b）滚切斜齿圆柱齿轮传动原理

　　如图6.7所示，当滚刀与被切齿轮做啮合运动时，滚刀的旋转方向由滚刀安装后的前、后刀面的位置所确定。工作台旋转的方向通常称为展成运动方向，可由以下方法确定：当选用右旋滚刀时，用左手法则判定展成运动方向，其方法是除大拇指外，其余四个手指握的方向表示滚刀的旋转方向，大拇指所指方向为切削点上齿轮的速度方向，如图6.7（a）所示，这时工作台带动工件逆时针回转；当选用左旋滚刀时，用右手法则判定展成运动方向，其方法是除大拇指外，其余四个手指握的方向表示滚刀的旋转方向，大拇指所指方向为切削点上齿轮的速度方向，如图6.7（b）所示，这时工作台带动工件顺时针回转。从以上分析可知，当滚刀的旋转方向一定时，展成运动的方向只与滚刀的螺旋线方向有关。

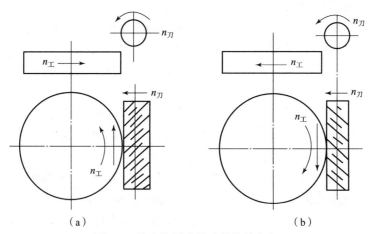

图6.7　滚刀和展成运动的旋转方向

　　2）滚刀刀架扳动角度的方法

　　在滚齿机上加工齿轮，相当于一对交错轴螺旋齿轮的啮合，为了使滚刀在切削点处的螺旋线方向与被加工齿轮齿槽方向相一致，滚刀轴线应该与齿轮端面倾斜一个安装角 $\gamma_{安}$，如图6.8所示。

　　在滚切直齿圆柱齿轮时，滚刀安装角为

$$\gamma_{安} = \lambda_f$$

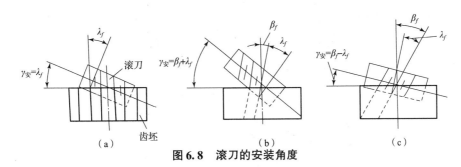

图 6.8　滚刀的安装角度

式中，λ_f——滚刀的螺旋升角。

滚切斜齿圆柱齿轮时，滚刀的安装角为

$$\gamma_{安} = \beta_f \pm \lambda_f$$

式中，β_f——被切齿轮的螺旋角；λ_f——滚刀的螺旋升角。

上式中，当被加工的斜齿轮与滚刀的螺旋线方向相反时取"＋"号，螺旋线方向相同时取"－"号。应尽量采用与工件螺旋线方向相同的滚刀，使滚刀安装角较小，这样有利于提高机床运动的平稳性及加工精度。

针对任务一的自我评价如表 6.2 所示。

表 6.2　自我评价

知识与技能点	你的理解	掌握程度			
成形法和展成法的特点		😊	😊	😊	😖
Y3150E 型滚齿机的用途		😊	😊	😊	😖
Y3150E 型滚齿机的主要组成		😊	😊	😊	😖
Y3150E 型滚齿机的运动种类		😊	😊	😊	😖
滚刀安装角的确定		😊	😊	😊	😖

任务二　钻床的运动和典型结构分析

某企业的机加工车间需要在减速器的箱座类工件上加工精度要求不高、孔径尺寸为 ϕ10 mm 的通孔，请问加工该工件应如何选择机械加工设备？

一、钻床的用途

钻床是孔加工的主要机床，在钻床上主要用钻头加工精度不高的孔，也可以通过钻孔——

扩孔—铰孔的工艺手段加工精度要求较高的孔，还可以利用夹具加工有一定位置要求的孔系。另外，钻床还可用于锪平面、锪孔和攻螺纹等工作，如图 6.9 所示。

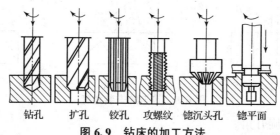

| 钻孔 | 扩孔 | 铰孔 | 攻螺纹 | 锪沉头孔 | 锪平面 |

图 6.9　钻床的加工方法

在钻床上加工时，工件不动，刀具一面做旋转主运动，一面做轴向进给运动。故钻床适用于加工没有对称回转轴线的工件上的孔，尤其是多孔加工，如箱体和机架等零件上的孔。

二、钻床的主要类型

钻床根据用途和结构不同，可分为台式钻床、立式钻床、摇臂钻床和深孔钻床等类型。

1. Z5135 型立式钻床

图 6.10 所示为最大钻孔直径为 35 mm 的 Z5135 型立式钻床。它由主轴箱 5、进给箱 4、立柱 7、工作台 2 和底座 1 等组成，电动机 6 通过主轴箱 5 带动主轴 3 回转，同时通过进给箱 4 获得轴向进给运动。主轴箱和进给箱内部均有变速机构，分别实现主轴转速的变换和进给量的调整，还可以实现机动进给。工作台 2 和进给箱 4 可沿立柱 7 上的导轨上下移动，以调整其位置的高低，适应在不同高度的工件上进行钻孔加工。在立式钻床上钻不同位置的孔时需要移动工件，因此，立式钻床仅适用于中小零件的单件、小批量生产。

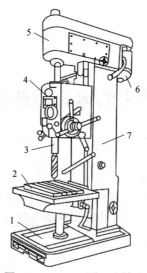

图 6.10　Z5135 型立式钻床

1—底座；2—工作台；3—主轴；4—进给箱；5—主轴箱；6—电动机；7—立柱

2. Z3040 型摇臂钻床

1）主要组成部件和运动

　　图 6.11 所示为摇臂钻床的外形。在大型零件上钻孔时，因工件移动不便，就希望工件不动，而钻床主轴能在空间调整到任意位置，这就产生了摇臂钻床。摇臂 3 可绕立柱 2 回转和升降，主轴箱 7 又可在摇臂 3 上做水平移动，因此，主轴 8 的位置可在空间任意地调整。被加工工件安装在工作台上，如工件较大，还可以卸掉工作台，直接安装在底座 1 上，或直接放在周围的地面上，这就为加工大而重的工件上的孔带来了很大的方便。

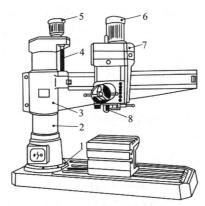

图 6.11　摇臂钻床外形

1—底座；2—立柱；3—摇臂；4—摇臂升降丝杠；5，6—电动机；7—主轴箱；8—主轴

　　摇臂钻床具有主轴旋转、主轴轴向进给、主轴箱沿摇臂水平导轨的移动、摇臂的摆动和摇臂沿立柱的升降五个运动。前两个运动为表面成形运动，后三个为调整位置的辅助运动。

　　2）主轴部件

　　图 6.12 所示为 Z3040 型摇臂钻床主轴部件的结构。主轴 1 支承在主轴套筒 2 内的深沟球轴承和推力球轴承上，在套筒内做旋转主运动。套筒外圆的一侧铣有齿条，由齿轮传动，连同主轴一起做轴向进给运动。主轴的旋转运动由主轴箱内的齿轮，经主轴尾部的花键传入，而该传动齿轮则通过轴承直接支承在主轴箱箱体上，使主轴卸荷，这样既可减少主轴的

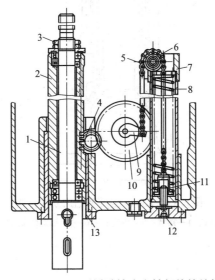

图 6.12　Z3040 型摇臂钻床主轴部件的结构

1—主轴；2—主轴套筒；3—螺母；4—小齿轮；5—链条；6—链轮；7—弹簧座；
8—弹簧；9—凸轮；10—齿轮；11—套；12—内六角圆柱头螺钉；13—镶套

弯曲变形，又可使主轴移动轻便。主轴的前端有莫氏锥孔，用于安装和紧固刀具。还有两个并列的横向腰形孔，下孔用于倒刮内端面时插入楔铁，防止刀具脱落，上孔用于插入楔铁后，卸下钻头或钻套。

图6.12所示的主轴部件采用了弹簧凸轮平衡装置。由于主轴部件是垂直布置的，需要有平衡装置平衡其重力，使上、下移动时的操纵力基本相同，并得到平稳的轴向进给。压力弹簧8的上端相对于弹簧套筒是固定的，下端通过套与链条的一端相连，链条的另一端绕过链轮与凸轮9相连。弹簧8向下的弹力经链条、凸轮和一对齿轮传至主轴套筒上，与主轴部件重力相平衡。当主轴部件上下移动时，由于其所处位置的变化，改变了弹簧的压缩量，致使弹力发生变化；另一方面，由于链条绕在凸轮上，凸轮随主轴上下移动而转动时，凸轮曲线使链条对凸轮的拉力作用线位置发生相应的变化，从而使作用在凸轮上的平衡力矩始终保持恒定，即主轴部件处在任何位置上都呈平衡状态。

3）立柱

图6.13所示为Z3040型摇臂钻床的立柱结构。其由圆柱形内外双层立柱组成，内立柱5用螺钉紧固在底座1上，外立柱3上部由深沟球轴承6和推力球轴承7支承，下部由滚柱2支承在内立柱上，摇臂4其一端的套筒套在外立柱上，并用导向键连接。调整主轴位置时，松开夹紧机构，摇臂和外立柱都可以围绕内立柱转动，摇臂也可以相对外立柱上下运动，摇臂转动到适当的位置后，夹紧机构产生的向下夹紧力迫使平衡弹簧8变形，外立柱向下移动，压紧在圆锥面上，依靠锥面之间的摩擦力将外立柱和内立柱夹紧。

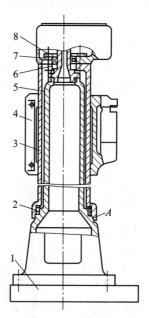

图6.13　Z3040型摇臂钻床立柱结构

1—底座；2—滚柱；3—外立柱；4—摇臂；5—内立柱；6—深沟球轴承；7—推力球轴承；8—平衡弹簧

3. 其他钻床

1）台式钻床

台式钻床是放置在台桌上使用的小型钻床，其主轴垂直布置，用于钻削中小型工件上的小孔，按最大钻孔直径划分有2 mm、6 mm、12 mm、16 mm、20 mm等多种规格。台式钻床自动化程度较低，钻削时只能手动进给，多用于单件、小批量生产。

2）深孔钻床

深孔钻床是用特制的深孔钻头专门加工深孔的钻床，如加工炮筒、枪管和机床主轴等零件中的深孔。这种机床加工的孔较深，为了减少孔中心线的偏斜，加工时通常由工件转动来实现主运动，深孔钻头只做直线进给运动。为了避免机床过高和便于排除切屑，深孔钻床一般采用卧式布局。

针对任务二的自我评价如表6.3所示。

表6.3 自我评价

知识与技能点	你的理解	掌握程度			
钻床的用途及运动		😊	😐	😐	😣
能辨别不同种类的钻床		😊	😐	😐	😣
Z3040 型摇臂钻床的组成		😊	😐	😐	😣
Z3040 型摇臂钻床主轴部件采用什么平衡装置		😊	😐	😐	😣

任务三 认识镗床

某企业的机加工车间需要在箱体类工件的不同表面上加工精度要求较高、孔径尺寸较大的深孔系，请问此类工件可以用钻床加工吗？如果不可以，该如何选择加工设备？

一、镗床的用途

镗床和钻床同属孔加工机床，镗床通常用于加工尺寸较大且精度要求较高的孔，特别是分布在不同表面上、孔距和位置精度（平行度、垂直度和同轴度等）要求很严格的孔与孔系，如各种箱体和汽车发动机缸体等零件的孔系加工。

镗床主要是用镗刀镗削工件上铸出或已粗钻出的孔。大部分镗床还可以进行铣削或钻孔、扩孔和铰孔等工作。

二、镗床的主要类型

镗床的主要类型有卧式铣镗床、坐标镗床和精镗床等。

1. 卧式铣镗床

卧式铣镗床因其工艺范围非常广泛和加工精度高而得到普遍应用。卧式铣镗床除了镗孔，还可以铣平面及各种形状的沟槽，钻孔、扩孔和铰孔，车削端面和短外圆柱面，车槽和螺纹等。零件可在一次安装中完成大量的加工工序，而且其加工精度比钻床和一般的车床、铣床高，因此特别适合加工大型、复杂的箱体类零件上精度要求较高的孔系及端面。

1）卧式铣镗床的结构

卧式铣镗床的外形如图6.14所示，机床工作时，刀具安装在主轴箱1的主轴3或平旋盘4上。主轴箱1可沿前立柱2的导轨上下移动。工件安装在工作台5上，可与工作台一起随下滑座7或上滑座6做纵向或横向移动。工作台还可沿滑座的圆导轨在水平面内转位。镗刀可随主轴一起做轴向移动。当镗杆伸出较长时，可用后立柱10上的镗刀杆支承座来支承左端。当刀具装在平旋盘4的径向刀架上时，可随径向刀架做径向运动。

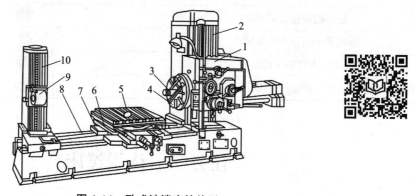

图6.14 卧式铣镗床的外形

1—主轴箱；2—前立柱；3—主轴；4—平旋盘；5—工作台；6—上滑座；
7—下滑座；8—床身；9—镗刀杆支承座；10—后立柱

2）卧式铣镗床的加工方法

卧式铣镗床的典型加工方法如图6.15所示。刀具装在镗轴或镗杆上，由镗轴带动做主运动，做进给运动的可以是镗轴（图6.15（a）），也可以是工件（图6.15（b））。加工大孔时，镗刀装在平旋盘上做主运动，由工件完成进给运动（图6.15（c））。图6.15（d）是用铣刀加工平面，卧式铣镗床还可以铣削各种沟槽或成形面。若将刀具安装在平旋盘的径向刀架上，可以车削端面、内外环形沟槽和短的外圆柱面（图6.15（e）、（f））。

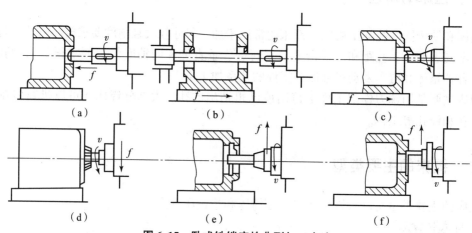

图6.15 卧式铣镗床的典型加工方法

2. 坐标镗床

1）坐标镗床的应用范围

坐标镗床是一种高精度机床，主要用来镗削精密的孔或位置精度要求很高的孔系，例如钻模、镗模等零件上的精密孔。坐标镗床除主要零件的制造和装配精度很高、具有良好的刚度和抗振性、较小的热变形外，还具有坐标位置的精密测量装置。依靠坐标测量装置，能精确地确定工作台和主轴箱等移动部件的移动量，实现工件和刀具的精确定位。

坐标镗床除用于镗孔、钻孔、扩孔、铰孔、精铣平面和沟槽，还可进行精密刻线、精密划线、孔距及直线尺寸的精密测量等。

坐标镗床过去主要用于工具车间单件生产，近年来也逐步应用于生产车间成批加工具有精密孔系的零件。例如，在飞机、汽车、内燃机和机床等行业中加工某些箱体类零件。

2）坐标镗床的组成

图 6.16 所示为单柱坐标镗床。带有主轴部件的主轴箱装在立柱的垂直导轨上，可以上下调整位置，以适应加工不同高度的工件。主轴由精密轴承支承在主轴套筒中，由主传动机构传动，完成旋转主运动。加工孔时，主轴由主轴套筒带动，在垂直方向做机动或手动进给运动。镗孔的坐标位置由工作台沿床鞍导轨纵向移动和床鞍沿床身导轨横向移动来确定。铣削时，则由工作台做纵向或横向进给运动。

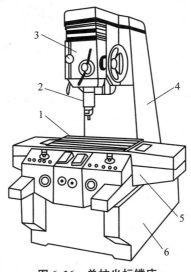

图 6.16　单柱坐标镗床

1—工作台；2—主轴；3—主轴箱；4—立柱；5—床鞍；6—床身

单柱坐标镗床的工作台三面敞开，操作方便，但主轴箱悬伸安装，机床尺寸大时，将影响机床刚度。因此，单柱坐标镗床一般为中小型机床。

图 6.17 所示为双柱坐标镗床。它由两个立柱、顶梁和床身构成龙门框架，主轴箱装在可沿立柱上下调整位置的横梁 2 上，工作台直接由床身导轨支承。镗孔坐标位置由主轴箱沿横梁导轨移动和工作台沿床身导轨移动来确定。

双柱坐标镗床主轴箱悬伸距离小，且装在龙门框架上，机床刚度大。此外，工作台与床身之间层次少，提高了承载能力和刚度。因此，双柱坐标镗床一般为大中型机床。

3. 精镗床

精镗床是一种高速精密镗床，它因采用金刚石镗刀而得名，原称为金刚镗床。现已广泛使用硬质合金刀具和陶瓷刀具。这类机床的特点是切削速度很高，而切深和进给量很小，因此，可加工出高精度（圆度为 0.003~0.005 mm）和低表面粗糙度（Ra 为 0.16~1.25 μm）的工件。精镗床主要用于成批、大量生产中加工连杆轴瓦、活塞和油泵壳体等零件上的精密孔。

单面卧式精镗床外形如图 6.18 所示。机床的主轴箱固定在床身上，主轴高速旋转带动镗刀做主运动。工件通过夹具固定在工作台上，工作台沿床身导轨做平稳低速的纵向进给运动。工作台一般为液压驱动，可实现半自动循环。精镗床的主轴短而粗，具有很高的刚度，为了使主轴转动平稳，主轴采用精密轴承支承，并由电动机经带传动直接带动主轴旋转。

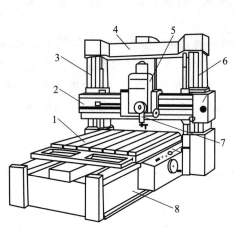

图 6.17　双柱坐标镗床

1—工作台；2—横梁；3，6—立柱；4—顶梁；5—主轴箱；7—主轴；8—床身

图 6.18　单面卧式精镗床外形

1—主轴箱；2—主轴；3—工作台；4—床身

针对任务三的自我评价如表 6.4 所示。

表 6.4　自我评价

知识与技能点	你的理解	掌握程度			
镗床的用途		☺	☺	☺	☺
卧式铣镗床的组成及运动		☺	☺	☺	☺
坐标镗床的组成及运动		☺	☺	☺	☺
精镗床的组成及运动		☺	☺	☺	☺

任务四　认识插床和拉床

学习任务

某机械加工企业，需要小批量加工矩形内花键孔（键数 $z=6$），加工精度要求不高，请

问可以在插床上加工吗？如果大批量加工该花键孔，还能在插床上加工吗？如果不能，能在拉床上加工吗？

知识要点

　　刨床、插床和拉床都属于直线运动机床，它们的主运动为直线运动。

一、插床

　　插床实质是立式牛头刨床。其主要用于单件、小批量生产中加工零件的内表面，例如孔内键槽、方孔、多边形孔和花键孔等，也可以加工某些不便于铣削或刨削的外表面（平面或成形面）。其中用得最多的是插削各种盘形零件的内键槽。

　　插床外形如图6.19所示，工件安装在工作台上，插刀装在滑枕的刀架上。滑枕带动刀具在垂直方向做往复直线运动，实现主运动。圆工作台带动工件可实现间歇的圆周进给运动。床鞍和溜板可分别实现间歇的横向和纵向进给运动。滑枕导轨座可以绕销轴在小范围内调整角度，以便加工倾斜的面和沟槽。

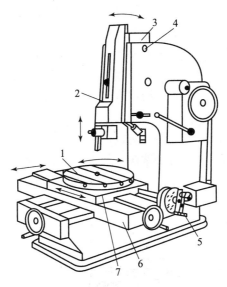

图6.19　插床外形

1—圆工作台；2—滑枕；3—滑枕导轨座；4—销轴；5—分度装置；6—床鞍；7—溜板

二、拉床

　　拉床是用拉刀进行加工的机床。采用不同结构形状的拉刀，可加工各种形状的通孔、通槽、平面及成形表面。图6.20是适用于拉削的一些典型表面形状。

　　拉床是一种比较简单的机床，它只有主运动，没有进给运动。加工时，由拉刀做低速直线的主运动，同时依靠拉刀刀齿的齿升量来完成切削时的进给。考虑到拉削所需的切削力很大，同时为了获得平稳的主运动且能无级调速，通常采用液压驱动。

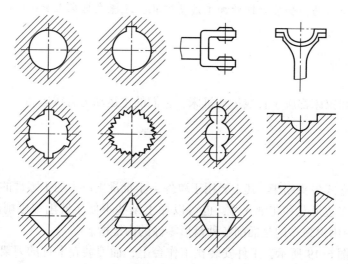

图 6.20　适用于拉削的典型表面形状

　　由于拉刀的工作部分有粗切齿、精切齿和校准齿，工件被加工表面可在一次走刀中完成粗加工、半精加工和精加工，因此生产率高，且可获得较高的加工精度和较小的表面粗糙度值，一般拉削精度可达 IT8 ~ IT7，表面粗糙度 $Ra < 0.63$ μm。但拉削不同的表面需要不同的专用拉刀，且拉刀的结构复杂，制造和刃磨费用较高，所以它主要用于成批和大量生产。

　　拉床的主参数是额定拉力，如 L6120 型卧式内拉床的额定拉力为 200 kN。

　　拉床按加工的表面可分为内拉床和外拉床两类；按机床的布局形式可分为卧式拉床和立式拉床两类。此外，还有连续拉床和专用拉床。

　　最常用的拉床是卧式内拉床，如图 6.21 所示。床身 1 的内部装有液压缸 2，由液压系统中的液压泵提供压力油，驱动液压缸的活塞做直线运动，从而带动拉刀也做直线运动，完成拉削的主运动。加工时，工件的端面紧靠在支承座 3 的平面上，护送夹头 5 及滚柱 4 向左运动，护送拉刀穿过工件的预制孔，并将拉刀左端柄部插入拉刀的夹头。加工过程中滚柱 4 下降不起作用。

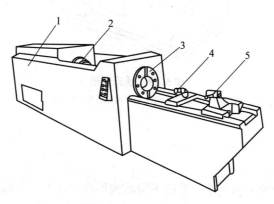

图 6.21　卧式内拉床

1—床身；2—液压缸；3—支承座；
4—滚柱；5—护送夹头

针对任务四的自我评价如表 6.5 所示。

表 6.5 自我评价

知识与技能点	你的理解	掌握程度			
拉床的用途		☺	☺	☺	☺
拉床的特点		☺	☺	☺	☺
卧式拉床的组成		☺	☺	☺	☺
拉床的运动		☺	☺	☺	☺

项目七 数控机床识别及运动调整

任务一 认识数控机床

图 7.1 所示两个零件有什么特点？更适合在普通机床上还是在数控机床上加工？

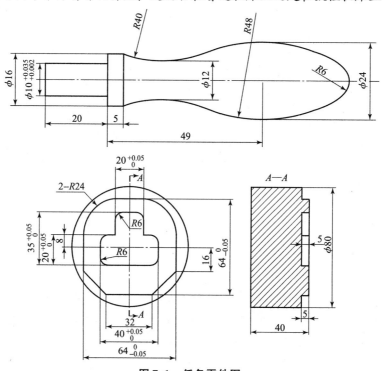

图 7.1 任务零件图

一、数控机床的发展历史

从工业化革命以来，人们实现机械加工自动化的手段有自动机床、组合机床和专用自动生产线，如图7.2所示。这些机床固有的缺点是初始投资大、准备周期长、柔性差。然而，随着市场竞争日趋激烈，产品更新换代周期缩短，批量大的产品越来越少，产品要求精度提高，这迫切需要一种精度高、柔性好的加工设备来满足上述需求；另一方面，电子技术和计算机技术飞速发展，由此，数字控制机床应运而生，数控机床的发展历史如表7.1所示。

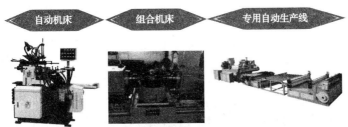

图7.2 自动机床、组合机床和专用自动生产线

表7.1 数控机床的发展历史

1952年	美国麻省理工学院研制出世界上第一台数控机床
1959年	数控系统广泛采用晶体管元器件和印刷电路板，从而使机床跨入了第二代——晶体管数控机床
1965年	小规模集成电路研制成功，数控机床的第三代——集成电路控制数控机床问世
20世纪70年代	数控机床的第四代——小型计算机数控机床研制成功，美日等国首先研制了以微处理器为核心的数控系统的数控机床
20世纪80年代初	国际上又出现了柔性制造单元FMC
20世纪90年代以后	数控机床的发展延伸到整个生产线的整体提升，包含了影像视觉识别、DNC程序智能管理、测量分拣输出、机器人三维模拟编程控制等，整个制造行业进入高速发展的阶段
21世纪	德国提出工业4.0，中国提出智能制造2025

二、数控机床的工作原理

在数控机床上，传统加工过程中的人工操作均被数控系统的自动控制所取代，如图7.3所示。其工作过程如下：将被加工零件图上的几何信息和工艺信息数字化，即将刀具与工件的相对运动轨迹、加工过程中主轴速度和进给速度的变换、冷却液的开关、工件和刀具的交换等控制和操作，都按规定的规则、代码和格式编成加工程序，然后将该程序送入数控系统。数控系统按照程序的要求，进行相应的运算、处理，然后发出控制命令，使各坐标轴、主轴以及辅助动作相互协调，实现刀具与工件的相对运动，自动完成零件的加工。

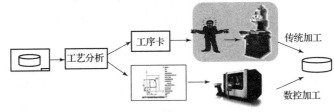

图7.3 数控机床工作原理

三、数控机床的基本组成

数控机床主要由以下几个部分组成，如图 7.4 所示。图中虚线框部分为计算机数控系统，即 CNC 系统，其中各方框为其组成模块，带箭头的连线表示各模块间的信息流向。下面将分别介绍各模块的功能。

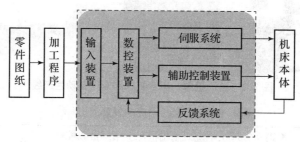

图 7.4　数控机床基本组成

1. 输入装置

输入装置中最常见的是操作面板，操作面板也叫控制面板，它是操作人员与数控机床（系统）进行交互的工具。它主要由按钮站、状态灯、按键阵列（功能与计算机键盘一样）和显示器等部分组成，如图 7.5 所示。它是所有数控机床都包含的一个输入输出部件，也是数控机床的特有部件。输入装置的功能如下：

（1）操作人员可以通过它对数控机床（系统）进行操作、编程、调试或对机床参数进行设定和修改。

（2）操作人员可以通过它了解或查询数控机床（系统）的运行状态。

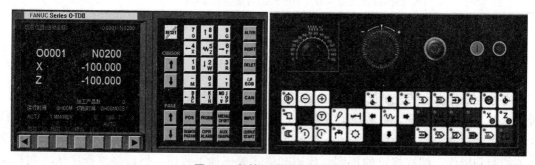

图 7.5　数控机床的操作面板

另外，现代数控系统一般都具有利用通信方式进行信息交换的能力。这种方式是实现 CAD/CAM 集成、FMS 和 CIMS 的基本技术。目前在数控机床上常采用的方式有串行通信（RS232 等串口）、自动控制专用接口和规范（DNC 方式、MAP 协议等）、网络技术（Internet、LAN 等）。

2. 数控装置

计算机数控（CNC）装置是计算机数控系统的核心。它主要由计算机系统、位置控制板、PLC 接口板、通信接口板、扩展功能模块以及相应的控制软件等模块组成。其主要作用是根据输入的零件加工程序或操作者命令进行相应的处理（如运动轨迹处理、机床输入输出处理等），然后输出控制命令到相应的执行部件（伺服单元、驱动装置和 PLC 等），完成零件加工程序或操作者命令所要求的工作。所有这些都是由数控系统协调配合、合理组织进行的，从而使整个系统能有条不紊地工作。

3. 伺服系统及反馈系统

伺服系统是数控系统的执行部分，它的作用是将来自数据装置插补产生的脉冲信号转化为受控设备的执行机构的位移（运动）。每个进给运动的执行部件都配有一套伺服驱动系统。

伺服系统由伺服驱动电路、功率放大电路、伺服电动机、传动机构和检测反馈装置组成。常用的伺服电动机有步进电动机、直流伺服电动机和交流伺服电动机。伺服系统的性能是决定数控加工机床加工精度和生产率的主要因素之一。

闭环控制的数控机床带有检测反馈系统，其作用是将机床移动的实际位置、速度参数检测出来，转换成电信号，并反馈到 CNC 装置中，使 CNC 装置能随时判断机床的实际位置、速度是否与指令一致，并发出相应指令，修正所产生的偏差，提高加工精度。

4. 辅助控制装置

数控机床的辅助控制装置包括 PLC 装置、机床 I/O 电路和装置。PLC 装置的主要作用是完成与逻辑运算、顺序动作有关的 I/O 控制，它由硬件和软件组成；机床 I/O 电路和装置是实现 I/O 控制的执行部件，它是由继电器、电磁阀、行程开关、接触器等组成的逻辑电路，用于完成以下任务：

（1）接收 CNC 的 M、S、T 指令，对其进行译码并转换成对应的控制信号，控制辅助装置完成机床相应的开关动作；

（2）接收操作面板和机床侧的 I/O 信号，送给 CNC 装置，经其处理后，输出指令控制CNC 系统的工作状态和机床的动作。

5. 机床本体

机床是数控机床的主体，是数控系统的被控对象，也是实现制造加工的执行部件。它主要由主运动部件、进给运动部件（工作台、拖板以及相应的传动机构）、支承件（立柱、床身等）以及特殊装置（刀具自动交换系统、工件自动交换系统）和辅助装置（如冷却、润滑、排屑、转位和夹紧装置等）组成。

数控机床机械部件的组成与普通机床相似，但传动结构和变速系统较为简单，在精度、刚度、抗振性等方面要求高。

针对任务一的自我评价如表 7.2 所示。

表 7.2 自我评价

知识与技能点	你的理解	掌握程度			
数控机床的工作原理		😊	😐	😕	😫
数控机床的基本组成		😊	😐	😕	😫

任务二　数控机床辨识

图 7.6 所示的各种数控机床有什么不同?

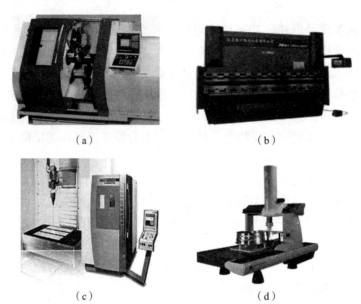

（a）　　　　　　　　　　　（b）

（c）　　　　　　　　　　　（d）

图 7.6　不同类型的数控机床

（a）车削中心；（b）数控折弯机；（c）数控激光切割机；（d）数控三坐标测量仪

知识要点

数控机床的功能复杂，种类繁多。根据数控机床的功能和组成不同，可以从多角度进行分类。

1. 按工艺用途分类

（1）切削加工类数控机床。这类机床是通过从工件上除去一部分材料得到所需零件的，如数控铣床、数控车床、加工中心等，如图 7.7 所示。

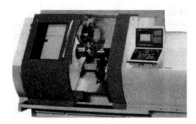

图 7.7　切削加工类数控机床

（2）成形加工类数控机床。这类数控机床通过物理的方法改变工件形状得到所需零件，它没有材料的增加或减少，如数控折弯机和数控弯管机。（另外，通过挤压、烧结、熔融、光固化等方式进行逐层堆积的3D打印机也属于此类机床。）

（3）特种加工类数控机床。利用特种加工技术和原理（电火花、激光技术等）得到所需零件的数控机床都属于特种加工类，如数控激光切割机和数控电火花成形机床。

（4）其他类型数控机床。采用数控技术的非加工设备，如数控三坐标测量仪和数控影像仪。

2. 按控制功能分类

（1）点位控制数控机床。仅能实现刀具相对于工件从一点到另一点的精确定位运动，对轨迹不作控制要求，运动过程中不进行任何加工。如图 7.8 所示，刀具可以沿着任意路径从第一个孔的位置移动到第二个孔的位置。例如数控钻床、数控镗床、数控冲床和数控测量机等。

（2）直线控制数控机床。不仅要求控制点到点的精确定位，而且要求机床工作台或刀具以给定的速度，沿平行于坐标轴的方向或与坐标轴成45°的方向进行直线移动和切削加工，如图 7.9 所示。目前该种机床应用较少，如普通的数控车床、数控铣床等。

（3）轮廓控制数控机床。能控制几个进给轴同时谐调运动（坐标联动），使工件相对于刀具按程序规定的轨迹和速度运动，在运动过程中进行连续切削加工的数控系统，如图 7.10 所示。现代的数控机床大都装备了这种数控系统，如数控车床、数控铣床、加工中心等用于加工曲线和曲面的机床。

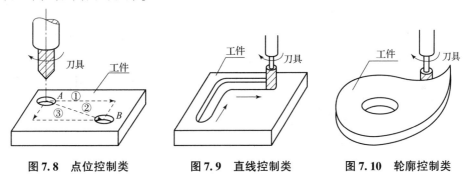

图 7.8　点位控制类　　　图 7.9　直线控制类　　　图 7.10　轮廓控制类

3. 按伺服系统分类

（1）开环控制数控机床。开环控制通常指系统中不带有位置检测元件，指令信号单方向传送，指令发出后，不再反馈回来的控制系统。它一般由步进电动机驱动线路和步进电动机组成，这种伺服机构比较简单，工作稳定，容易掌握使用，但精度和速度的提高受到限制，如图 7.11 所示。

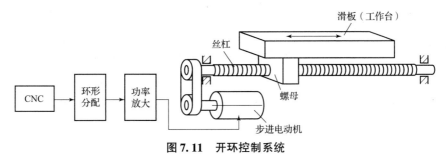

图 7.11　开环控制系统

（2）半闭环控制数控机床。半闭环控制系统是将位置检测元件安装在伺服电动机的轴上或滚珠丝杠的端部，不直接反馈机床的位移量，而是检测伺服机构的转角，将此信号反馈给数控装置进行指令值比较，用差值控制伺服电动机，如图 7.12 所示。这种伺服机构所能达到的精度、速度和动态特性优于开环伺服机构，其复杂性低于闭环系统，被大多数中小型数控机床所采用。

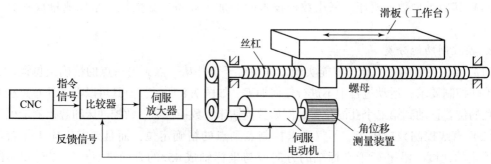

图 7.12　半闭环控制数控机床

（3）闭环控制数控机床。闭环控制系统将位置检测元件安装在机床移动部件上，可随时检测出工作台的实际位移，并反馈给数控装置，与设定的指令值进行比较，利用其差值控制伺服电动机，直至差值为零，如图 7.13 所示。这种机构定位精度高但系统复杂，调试维修较困难，价格较贵，常用于高精度和大型数控机床。

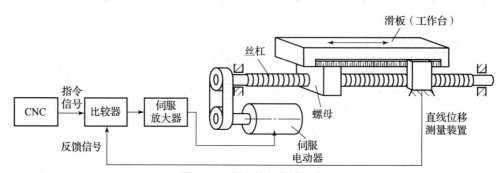

图 7.13　闭环控制数控机床

针对任务二的自我评价如表 7.3 所示。

表 7.3　自我评价

知识与技能点	你的理解	掌握程度			
数控机床的分类		😊	😐	😑	😝
点位控制、直线控制和轮廓控制数控机床的特点		😊	😐	😑	😝
开环、闭环和半闭环控制数控机床的特点		😊	😐	😑	😝

任务三　CAK6150 型卧式数控车床组成及传动系统分析

学习任务

数控车床如何完成图 7.14 所示工件的加工，核心技术是什么？

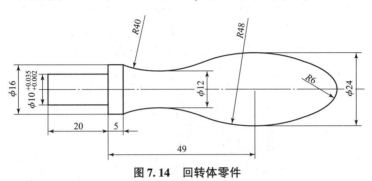

图 7.14　回转体零件

知识要点

数控车床是应用最广泛的数控机床之一。与普通车床相同，数控车床主要用于加工轴类、盘套类等回转体零件，能够通过程序控制自动完成内外圆柱面、锥面、圆弧、螺纹等工序的切削加工，并进行切槽、钻孔、扩孔、铰孔等工作；与普通车床相比，数控车床加工精度高，精度稳定性好，适应性强，操作劳动强度低，特别适合形状复杂零件的加工或对加工精度要求高的中小批量零件的加工。

按结构和功能的不同，常用的数控车床有卧式数控车床、立式数控车床和车削中心三大类，以卧式数控车床的用量为最大。

一、CAK6150 型卧式数控车床的组成

如图 7.15 所示，CAK6150 型卧式数控车床的机械结构部分与 CA6140 型普通车床类似，主要由床身、主轴箱、刀架、尾座、进给机构和操作面板等组成。

图 7.15　CAK6150 型卧式数控车床的外形

CAK6150 型卧式数控车床除了可以加工普通车床所能加工的各种回转表面，如内外圆柱面、圆锥面、成形回转表面及螺纹面等，还可以加工高精度的曲面和端面螺纹。

二、CAK6150 型卧式数控车床主运动传动系统

图 7.16 是 CAK6150 型卧式数控车床的主运动传动系统。主轴电动机是双速电动机，经 1∶1 带传动驱动轴 I，主传动系统分别接通轴 I 的电磁离合器，当左侧电磁离合器吸合时，齿轮 2、3 啮合；当右侧电磁离合器吸合时，齿轮 1、4 啮合。如果通过变速手柄使齿轮 9、10 啮合，主轴转速为高速。若通过变速手柄使齿轮 5、6 啮合，7、8 啮合，11、12 啮合，再通过 V 轴的滑移齿轮 13 和主轴大齿轮 14 啮合，则主轴传动为低速链，获得较低的转速，实现 12 级变速。

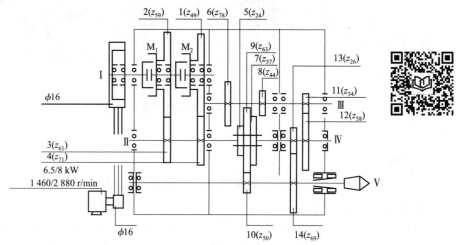

图 7.16　CAK6150 型卧式数控车床的主运动传动系统

三、CAK6150 型卧式数控车床纵、横向进给传动系统

数控车床的进给系统和普通车床不同。普通车床一般没有独立的进给驱动电动机，其动力来源于主轴电动机，主轴电动机经主轴箱、进给箱、光杠、丝杠和溜板箱转化为刀具纵向和横向进给运动，其机械传动装置结构复杂，传动链长，传动部件众多。CAK6150 型卧式数控车床采用半闭环伺服控制系统连续控制。刀具纵向、横向进给具有独立的 Z 轴、X 轴进给驱动系统，滑板上分别装有 X 轴和 Z 轴的进给传动装置。因此，数控车床的进给传动系统的结构十分简单。

如图 7.17 所示，Z 向进给系统由功率为 10 kW 的交流伺服电动机驱动，经一级速比为 1∶1.25 弧齿同步齿形带轮传动，带动导程 $P = 10$ mm 的滚珠丝杠旋转，将电动机的回转运动转化成床鞍的纵向直线运动。

X 向进给系统由功率为 0.9 kW 的交流伺服电动机驱动，经一级速比为 1∶1.2 的弧齿同步齿形带轮传动，带动导程 $P = 6$ mm 的滚珠丝杠旋转，将电动机的回转运动转化成横刀架的横向直线进给运动。在 Z 轴和 X 轴电动机的另一端均连接有旋转变压器和测速电极，用于实现角位移和速度反馈。

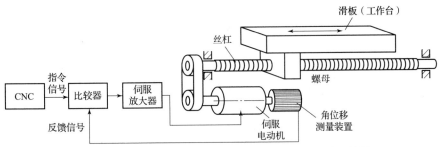

图 7.17　CAK6150 型卧式数控车床半闭环控制的进给系统原理

车床在进行螺纹加工时，刀具的纵向进给需要和主轴回转同步。在普通车床上，这一同步必须依靠进给箱的机械传动装置保证，但数控车床的进给由独立的伺服电动机驱动，其进给的速度和位置由 CNC 控制，因此，机床只需要安装主轴检测编码器，就可以通过 CNC 控制同步进给，所以数控车床无进给箱。

针对任务三的自我评价如表 7.4 所示。

表 7.4　自我评价

知识与技能点	你的理解	掌握程度			
数控车床的用途及种类		😊	😐	😎	🤖
CAK6150 型卧式数控车床的组成		😊	😐	😎	🤖
CAK6150 型卧式数控车床传动系统分析		😊	😐	😎	🤖

任务四　XK5040A 型数控铣床组成及传动系统分析

学习任务

通过对图 7.18 所示零件的加工，认识 XK5040A 型数控铣床的功能，并能区别于普通铣床的功能。

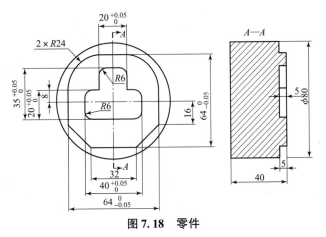

图 7.18　零件

 知识要点

数控铣床是一种用途广泛的机床,它除了能铣削普通铣床所能铣削的各种平面、沟槽、螺旋槽、成形表面和孔等各种零件表面,还能铣削普通铣床不能铣削的需要 2~5 坐标联动的各种平面轮廓和立体轮廓,适合于各种模具、凸轮、板类及箱体类零件的加工。

数控铣床按主轴布局可分为立式数控铣床、卧式数控铣床和立、卧两用数控铣床。

一、XK5040A 型数控铣床主要组成部件

图 7.19 所示为 XK5040A 型数控铣床的外形布局。床身 6 固定在底座 1 上,主运动变速系统安装在床身 6 中,主轴变速手柄和按钮板 5 用于手动调整主轴变速、正反转及切削液开、停等操作。纵向工作台 16、横向溜板 12 安装在升降台 15 上,X、Y、Z 三个方向分别由纵向进给伺服电动机 13、横向进给伺服电动机 14、垂直进给伺服电动机 4 驱动,整个机床的数控系统安装在数控柜 7 内。操纵台 10 上有 CRT 显示器、各种操作按钮、开关及指示灯。电气控制柜 2 中装有机床电气部分的接触器和继电器等。变压器箱 3 安装在床身 6 立柱的后面。限位开关 8、11 可控制纵向行程硬限位,挡铁 9 为纵向参考点设定挡铁。

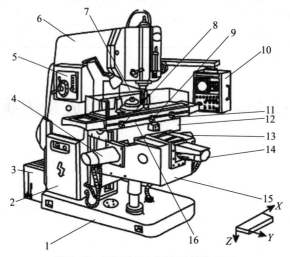

图 7.19　XK5040A 型数控铣床外形

1—底座;2—电气控制柜;3—变压器箱;4—垂直进给伺服电动机;5—主轴变速手柄和按钮板;6—床身;
7—数控柜;8,11—限位开关;9—挡铁;10—操纵台;12—横向溜板;13—纵向进给伺服电动机;
14—横向进给伺服电动机;15—升降台;16—纵向工作台

二、XK5040A 型数控铣床传动系统

1. 主运动传动系统

图 7.20 所示为 XK5040A 型数控铣床的传动系统。XK5040A 型数控铣床的主运动采用有级变速,由转速为 1 450 r/min、功率为 7.5 kW 的主电动机经 V 带、Ⅰ 与 Ⅱ 轴间的三联滑移齿轮变速组、Ⅱ 与 Ⅲ 轴间的三联滑移齿轮变速组、Ⅲ 与 Ⅳ 轴间双联滑移齿轮变速组传至 Ⅳ

轴，再经Ⅳ与Ⅴ轴间的一对锥齿轮副及Ⅴ和Ⅵ轴上的一对圆柱齿轮传至主轴Ⅵ，使主轴获得18级转速。主运动的传动线路表达式为

$$
\underset{(7.5\ kW\quad 1\ 450\ r/min)}{电动机}-\frac{\phi140}{\phi285}-I-\begin{bmatrix}\dfrac{16}{39}\\[4pt]\dfrac{19}{36}\\[4pt]\dfrac{22}{33}\end{bmatrix}-II-\begin{bmatrix}\dfrac{18}{47}\\[4pt]\dfrac{28}{37}\\[4pt]\dfrac{39}{26}\end{bmatrix}-III-\begin{bmatrix}\dfrac{19}{71}\\[4pt]\dfrac{82}{38}\end{bmatrix}-IV-\frac{29}{29}-V-\frac{67}{67}-VI
$$

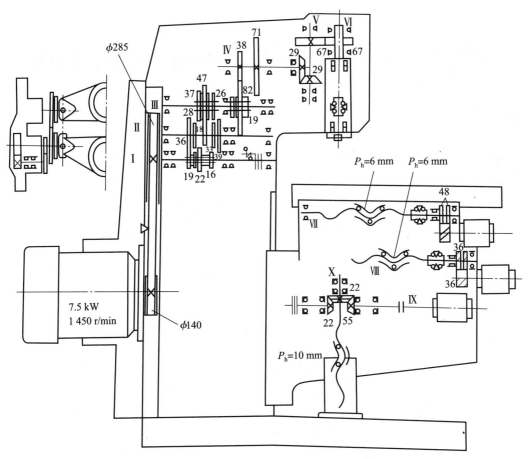

图 7.20　XK5040A 型数控铣床传动系统

2. 进给运动传动系统

进给运动有工作台的纵向、横向和垂直 3 个方向的运动。

（1）纵向进给运动。由直流伺服电动机驱动，经圆柱齿轮副（$z=48$）传动带动滚珠丝杠转动，通过丝杠螺母机构实现。

（2）横向进给运动。由直流伺服电动机驱动，经圆柱齿轮副（$z=36$）传动带动滚珠丝杠转动，通过丝杠螺母机构实现。

（3）垂直方向进给运动。由直流伺服电动机驱动，经锥齿轮副（$z=22$、$z=55$）传动带动滚珠丝杠转动。实现垂直方向进给的伺服电动机带有制动器，当断电时工作台上下运动方向刹紧，以防止升降台因自重而下滑。

机械加工设备

针对任务四的自我评价如表 7.5 所示。

表 7.5 自我评价

知识与技能点	你的理解	掌握程度			
数控铣床的用途及种类		😀	😐	😑	🤖
XK5040A 型数控铣床的组成		😀	😐	😑	🤖
XK5040A 型数控铣床传动系统分析		😀	😐	😑	🤖

任务五 EV802 型立式加工中心组成及传动系统分析

通过对图 7.21 所示零件的加工，认识 EV802 型立式加工中心与普通数控铣床的功能区别。

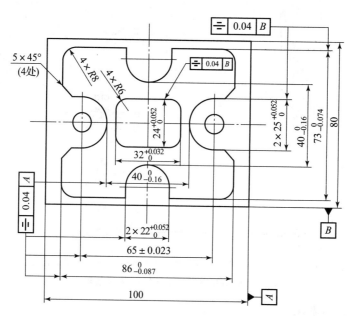

技术要求:
锐边去毛刺

图 7.21 任务零件图

加工中心机床是一种带有刀库并能自动更换刀具的数控机床，能对需要镗孔、铰孔、攻螺纹、铣削等的工件进行多工序的自动加工。因此，加工中心除了可加工各种复杂曲面外，还可加工各种箱体类和板类等复杂零件。

与其他机床相比，加工中心大大减少了工件的装夹、测量和机床的调整时间，缩短了工件的周转、搬运和存放时间，使机床的切削时间利用率高于普通机床的 3 ~ 4 倍；同时，还具有较好的加工一致性，并且能排除工艺过程中人为因素的干扰，从而提高加工精度和加工效率，缩短生产周期。此外，加工中心机床具有高度自动化的多工序加工管理，它是构成柔性制造系统的重要单元。

一、加工中心的组成

台湾欧马生产的 EV802 型立式加工中心是一种带有水平刀库的以铣削为主的单柱铣镗类数控机床，如图 7.22 所示。其刀库容量为 24 把刀，可在一次装夹中，按程序自动完成铣、镗、钻、铰、攻螺纹及三维曲面等多工序的加工，主要适用于板类、盘类及中小型箱体、模具等零件的加工。加工中心的组成包括以下部分。

图 7.22 EV802 型立式加工中心外形

1. 基础部件

基础部件是加工中心的基础结构，它主要由床身、工作台、立柱三大部分组成。这三部分不仅要承受加工中心的静载荷，还要承受切削加工时产生的动载荷。所以要求加工中心的基础部件必须有足够的刚度，通常这三大部件都是铸造而成的。

2. 主轴部件

主轴部件由主轴箱、主轴电动机、主轴和主轴轴承等零部件组成。主轴是加工中心切削加工的功率输出部件，它的启动、停止、变速、变向等动作均由数控系统控制。主轴的旋转精度和定位准确性是影响加工中心加工精度的重要因素。

3. 数控系统

加工中心的数控系统由 CNC 装置、可编程序控制器、伺服驱动系统以及面板操作系统组成，它是执行顺序控制动作和加工过程的控制中心。CNC 装置是一种位置控制系统，其控制过程是根据输入的信息进行数据处理、插补运算，获得理想的运动轨迹信息，然后输出到执行部件，加工出所需要的工件。

4. 自动换刀系统

自动换刀系统主要由刀库、机械手等部件组成。当需要更换刀具时，数控系统发出指令后，由机械手从刀库中取出相应的刀具装入主轴孔内，然后再把主轴上的刀具送回刀库完成整个换刀动作。

5. 辅助装置

辅助装置包括润滑、冷却、排屑、防护、液压、气动和检测系统等部分。这些装置虽然不直接参与切削运动，但是是加工中心不可缺少的部分。对加工中心的加工效率、加工精度和可靠性起着保障作用。

二、加工中心分类

（1）立式加工中心。指主轴轴线为垂直状态设置的加工中心，如图7.23所示。其结构形式多为固定立柱式，工作台为长方形，无分度回转功能。

（2）卧式加工中心。指主轴轴心线为水平状态设置的加工中心，如图7.24所示。通常配有可进行分度回转的正方形分度工作台。

图 7.23　立式加工中心

图 7.24　卧式加工中心

（3）龙门式加工中心。跟龙门铣床结构类似，主轴多为垂直设置，如图7.25所示。带有自动换刀装置及可更换的主轴头附件，能够一机多用，适合加工大型或形状复杂的工件。

（4）万能加工中心。它具有立式和卧式加工中心的功能，如图7.26所示。工件一次装夹能够完成非安装面的所有加工，也叫五轴加工中心。

图 7.25　龙门式加工中心

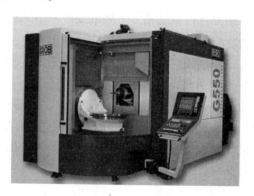

图 7.26　万能加工中心

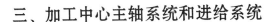

三、加工中心主轴系统和进给系统

EV802 型立式加工中心的主运动是主轴带着刀具的旋转运动，其他运动有 X 轴、Y 轴、Z 轴三个方向的伺服进给运动和换刀时刀库圆盘的旋转运动。各个运动的驱动电动机均可无级调速，所以加工中心的传动系统相对普通的机床是很简单的。

（1）主运动传动系统。主运动电动机采用西门子交流伺服电动机，连续额定功率为 7.5 kW，30 min 过载功率可达 11 kW。电动机可以无级变速，其转速范围为 8 ~ 8 000 r/min。电动机跟主轴采用直联式结构，结构简单。

（2）伺服进给系统。纵向（X）、横向（Y）及竖向（Z）都是采用宽调速直流伺服电动机拖动，三个坐标可以联动。伺服电动机经锥环无键联结、十字滑块联轴节驱动滚珠丝杠。十字滑块联轴节材料为青铜，可以补偿电动机轴与丝杠中心的径向偏移量。伺服进给系统为半闭环。位置反馈元件为脉冲编码器、旋转变压器。速度反馈元件为测速发电机。旋转变压器的分解精度为 2 000 脉冲/r，电动机到旋转变压器的升速比为 5 : 1，滚珠丝杠的导程为 10 mm，检测分辨率为 0.001 mm。这三条传动链除了长度不同，其他结构基本相同。

针对任务五的自我评价如表 7.6 所示。

表 7.6　自我评价

知识与技能点	你的理解	掌握程度
加工中心的用途及种类		😊 😐 😕 😣
EV802 型立式加工中心的组成		😊 😐 😕 😣
EV802 型立式加工中心传动系统的特点		😊 😐 😕 😣

任务六　五轴加工中心简介

通过对图 7.27 所示涡轮叶片的加工认识五轴加工中心。

图 7.27　涡轮叶片

五轴加工中心是一种科技含量高、精密度高、专门用于加工复杂曲面的加工中心，这种加工中心的应用对航空、航天、军事、科研、精密器械、高精医疗设备等行业有着举足轻重的影响力。目前，五轴加工中心是解决叶轮、叶片、船用螺旋桨、重型发电机转子、汽轮机转子、大型柴油机曲轴等加工的唯一手段。

一、立式五轴加工中心

立式五轴加工中心的主轴箱位于工作台的上方，主轴的四周空间很大，一般无机械装置干涉。所以五轴加工可以有多种实现形式，如主轴摆动式、工作台回转式和混合回转式。

1. 主轴摆动式

主轴摆动式是通过改变主轴轴线方向实现刀具倾斜的五轴加工方式，它可以通过主轴的倾斜和回转，保证刀具始终垂直于工件的加工表面，从而进行任意五轴空间曲面的加工。但其双轴回转头的主轴传动系统设计非常困难，一般要采用电主轴直接驱动。这种主轴的转速很高，但是输出转矩小，主轴刚性差，因此，只适用于小规格刀具、轻合金零件的高速加工，实际生产中应用较少。

2. 工作台回转式

工作台回转式是通过改变工件轴线方向来调整刀具加工方向的五轴加工形式，它可通过工作台的摆动和回转，使刀具始终垂直于工件的加工表面，从而进行任意五轴空间曲面的加工。图 7.28 所示是直接在三轴立式加工中心的水平工作台上，通过安装双轴数控工作台，实现旋转轴的加工的。转台一般采用 C 轴360°回转、A 轴摆动角度在120°～180°范围内。利用双轴工作台的五轴加工最容易实现，其使用灵活，工作台回转速度快，定位精度高，而且不受机床结构形式限制。但其 C 轴回转半径和 A 轴的摆动角度均较小，转台的结构层次较多，转台的安装影响机床 Z 轴的行程和装卸高度，因此适合加工叶轮、端盖、泵体等小型零件，不适合叶片、机架等长构件的加工。

图 7.28　工作台回转式立式五轴加工中心

3. 混合回转式

如图 7.29 所示，混合回转式是利用主轴摆动和工作台回转共同调整刀具加工方向的五轴加工方式。此类机床一般采用 C 轴 360° 回转、B 轴摆动的结构，B 轴的摆动角度一般在 120°左右，如 $-5° \sim 115°$。

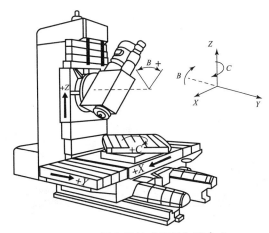

图 7.29 混合回转式五轴加工中心

混合回转式五轴加工中心综合了主轴摆动式和工作台回转式的优点。它的加工范围大，使用灵活，同时又解决了主轴摆动式机床主轴刚性差、输出转矩小和工作台回转式机床加工范围小的缺点。混合回转式机床的结构刚性好、工作台承载能力强、五轴加工范围宽，故可应用于大型箱体、模具、叶片、机架等长构件的五轴加工。

二、卧式五轴加工中心

如图 7.30 所示，卧式五轴加工中心是由卧式镗铣床和数控转台组成的。它可以方便地实现各种零件的多侧面轮廓铣削、圆柱面的螺旋槽铣削和水平方向的倾斜孔加工。

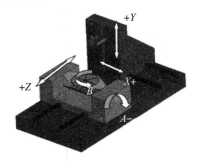

图 7.30 卧式五轴加工中心

卧式加工中心主轴轴线一般不能倾斜，所以它只能通过工件的旋转实现五轴加工，目前的卧式五轴加工中心大多采用双轴回转工作台，包含 B 轴回转和 A 轴摆动，或者 A 轴回转和 B 轴摆动。其中，以 B 轴回转为主运动的五轴加工中心，工作台面积大，刚性好，工件装卸容易，A 轴摆动角度较小，适合大型复杂箱体、泵类零件的五轴加工；反之，以 A 轴回转为主运动的加工中心，B 轴摆动可以获得相对较大的角度，但由于工作台面积小，承载能力较差，故适合小型叶片叶轮的五轴加工。

三、龙门五轴加工中心

如图 7.31 所示，龙门加工中心的主轴空间大、工作台和工件的体积大、质量重，所以，只能通过双轴回转头来实现五轴加工。一般采用 C 轴为回转轴，可以进行 360° 回转；B 轴为摆动轴，其摆动角度在 ±95° 范围内。

图 7.31　龙门五轴加工中心

龙门五轴加工中心有一般龙门加工中心加工行程长、加工范围广的特点，但是主轴的性能决定了它不能重切削加工。它一般用于军工用的大型轻合金叶片、螺旋桨等的铣削加工。

针对任务六的自我评价如表 7.7 所示。

表 7.7　自我评价

知识与技能点	你的理解	掌握程度			
五轴加工中心的用途		😊	😐	😕	🤖
五轴加工中心的种类		😊	😐	😕	🤖

项目八　数控机床的典型结构分析

任务一　数控机床主传动系统分析

学习任务

在一次如图 8.1 所示的机床维修中，如何对应实物图与原理图？

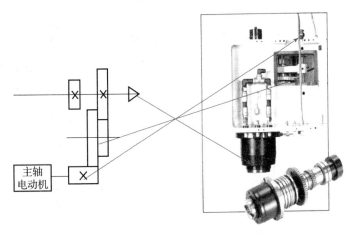

图 8.1　变速齿轮传动系统的维修

知识要点

一、数控机床主传动系统的特点

数控机床的主传动系统包括主轴电动机、传动系统和主轴组件。与普通机床的主传动系统相比，数控机床在结构上更简单，但是要求更高。

1. 数控机床主轴驱动的特点

（1）调速范围宽并能实现无级调速。为适应各种工序和不同材料加工的要求，需要较宽的变速范围，且要求在整个速度范围内均能够提供切削所需的功率或扭矩。

（2）转速高，功率大。它能使数控机床进行大功率切削和高速切削，实现高效率加工。

（3）较高的回转精度和良好的动态响应性能。应减少传动链，提高主轴部件刚度和抗

振性、热稳定性，变速时自动加减速时间应短，调速运转平稳。

（4）具有主轴准停控制功能。在加工中心上自动换刀时或执行某些特定的加工动作时，要求主轴停在一个固定不变的方位上，这就需要主轴有高精度的准停控制功能。

二、主传动的变速方式

1. 带有变速齿轮的主传动

这是大中型数控机床采用较多的一种变速方式。如图 8.2 所示，它采用少数几对齿轮降速，使主轴实现分段无级变速，扩大了输出转矩，以满足主轴低速时对输出扭矩的要求。部分小型数控机床采用此种传动方式以获得强力切削时所需要的扭矩。

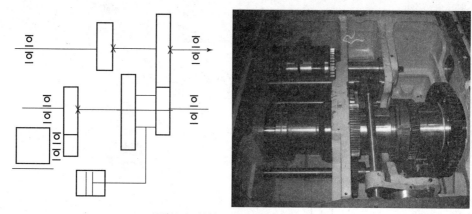

图 8.2　数控机床主轴的驱动方式

2. 带传动的主传动

数控机床主轴的带传动驱动方式如图 8.3 所示。带传动主要应用在小型数控机床上，可克服齿轮传动时引起振动和噪声的缺点，它只能满足于低扭矩特性的要求。

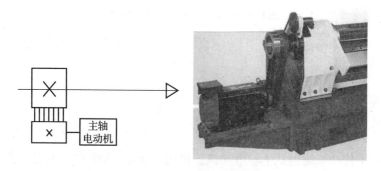

图 8.3　数控机床主轴的带传动驱动方式

数控机床上常用的有多楔带和同步齿形带。

多楔带又称为复合三角带，横向断面呈多个楔形，如图 8.4 所示，多楔带综合了 V 带和平带的优点，运转时振动小、发热少、运转平稳、质量小，可在 40 m/s 的线速度下使用。但多楔带安装时需较大的张紧力，使得主轴和电动机承受较大的径向负载，这是多楔带的一大缺点。

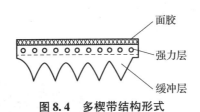

图 8.4　多楔带结构形式

同步齿形带传动是一种综合了带、链传动优点的新型传动方式。同步齿形带的结构如图 8.5 所示，带的工作面及带轮外圆均制成齿形，通过带齿与轮齿相啮合，做无相对滑动的动合传动。同步齿形带采用受载后无弹性变形的材料做强力层，以保持带的节距不变，使主、从动带轮进行无相对滑动的同步传动。与一般带传动相比，同步齿形带传动具有以下优点：

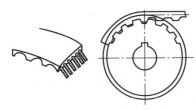

图 8.5　同步齿形带的结构和传动

（1）传动效率高，可达 98% 以上；
（2）无滑动，传动比准确；
（3）传动平稳，噪声小；
（4）使用范围较广，速度可达 50 m/s，速比可达 10 左右，传递功率由几瓦至数千瓦；
（5）维修保养方便，不需要润滑。

不足之处是，同步带安装时中心距要求严格，带与带轮制造工艺较复杂，成本较高。

3. 主轴电动机直接驱动的主传动

由调速电动机直接驱动主轴传动，即电动机的转子直接装在主轴上，因而大大简化了主轴箱体与主轴的结构（图 8.6），有效地提高了主轴刚度。但主轴输出扭矩小，电动机的发热对主轴精度影响较大。

图 8.6　主轴电动机直接驱动的主传动

4. 电主轴

电主轴是"高频主轴"的简称，是内装式电动机主轴单元（图 8.7）。它把机床主传动链的长度缩短为零，具有结构紧凑、质量小、惯性小的优点，提高了启动、停止的响应特性，在现代数控机床中获得了广泛的应用。为改善电主轴的热特性，应采取一定的措施或设置专门的冷却系统。

主轴电动机

图8.7　电主轴驱动系统

三、主轴部件的结构

数控机床的主轴部件是主运动的执行部件，它夹持刀具或工件，并带动其旋转。主轴部件既要满足精加工时高精度的要求，又要具备粗加工时高效切削的能力，因此在旋转精度、刚度、抗振性和热变形等方面都有很高的要求。

1. 主轴部件的支承

数控机床主轴支承根据主轴部件对转速、承载能力、回转精度等性能要求采用不同种类的轴承，如表8.1所示。

表8.1　机床类型对应轴承类型

机床类型	采用轴承类型
中小型数控机床（如车床、铣床、加工中心、磨床）	主轴部件多采用滚动轴承
重型数控机床	液体静压轴承
高精度数控机床（如坐标磨床）	气体静压轴承
超高转速的主轴	采用磁力轴承或陶瓷滚珠轴承

数控机床采用滚动轴承作为主轴支承时，主要有以下几种不同的配置形式。

（1）支承采用双列圆柱滚子轴承和60°角接触双列推力向心球轴承组合，承受径向和轴向载荷，后支承采用成对角接触球轴承，如图8.8（a）所示。这种结构配置形式是现代数控机床主轴结构中刚性最好的一种，它使主轴的综合刚度得到大幅提高，可以满足强力切削的要求，目前各类数控机床的主轴普遍采用这种配置形式。

（2）采用高精度双列角接触球轴承，如图8.8（b）所示。角接触球轴承具有良好的高速性能，主轴最高转速可达4 000 r/min，但它的承载能力小，因而适用于高速、轻载和精密的数控机床主轴。在加工中心的主轴中，为了提高承载能力，有时应用3个或4个角接触球轴承组合的前支承，并用隔套实现预紧。

（3）采用双列和单列圆锥轴承，如图8.8（c）所示。这种轴承径向和轴向刚度高，能承受重载荷，尤其能承受较强的动载荷，安装与调整性能好。但这种轴承配置限制了主轴的最高转速和精度，因此适用于中等精度、低速、重载的数控机床主轴。

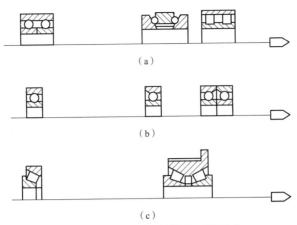

图 8.8　数控机床主轴轴承配置形式

2. 主轴的进给功能

车削中心的主传动系统与数控车床主传动系统基本相同，只是增加了主轴的进给功能。主轴的进给功能即主轴的 C 轴坐标功能，实现主轴定向停车和圆周进给，并在数控装置控制下实现 C 轴 Z 轴插补和 C 轴 X 轴插补，以配合动力刀具进行圆柱面上或端面上任意部位的钻削、铣削、攻螺纹及曲面铣加工。图 8.9 为主轴 C 轴功能的示意图。

图 8.9　主轴的 C 轴功能示意图

3. 主轴准停装置

主轴准停（主轴定向控制）是实现主轴准确定位于周向特定位置的功能。其作用是使主轴每次都准确地停在固定不变的周向位置上，以保证自动换刀时主轴上的端面键能对准刀柄上的键槽，同时，使每次装刀时刀柄与主轴的相对位置不变，提高刀具的重复安装精度，从而提高孔加工时孔径的一致性。

目前，主轴准停装置种类包括机械准停和电气准停两大类。现代的数控机床一般都采用电气式主轴准停装置，只要数控系统发出指令信号，主轴就可以准确地停转定位。较常用的电气方式有两种：一种是利用主轴上光电脉冲发生器的同步脉冲信号；另一种是用磁传感器检测定位，如图 8.10 所示，磁传感器准停装置的工作原理为：在主轴上安装一个永久磁铁 3 与主轴一起旋转，在距离永久磁铁 3 旋转轨迹外 1～2 mm 处固定有一个磁传感器 4，当主轴 1 需要定向时，数控装置发出主轴停转指令，主轴电动机 2 立即减速，使主轴 1 以很低的转速转动，当永久磁铁 3 对准磁传感器 4 时，磁传感器发出准停信号，该信号经放大后，由定位电路使电动机准确地停止在规定的周向位置上。

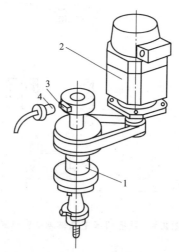

图 8.10　电气控制的主轴准停装置（磁传感器检测定位）

1—主轴；2—主轴电动机；3—永久磁铁；4—磁传感器

针对任务一的自我评价如表 8.2 所示。

表 8.2　自我评价

知识与技能点	你的理解	掌握程度			
数控机床主传动系统的特点		😊	😐	😕	😣
数控机床主传动的变速方式		😊	😐	😕	😣
C 轴功能的概念		😊	😐	😕	😣
主轴准停装置的作用及原理		😊	😐	😕	😣

任务二　数控机床进给传动系统分析

学习任务

任务描述：评价数控机床进给传动系统（图 8.11），分析其与普通车床进给传动系统的区别。

进给伺服电动机　　联轴器　　滚珠丝杠

图 8.11　数控机床进给传动系统

数控机床的进给传动系统将伺服电动机的旋转运动转变为执行部件的直线移动或回转运动，是保证刀具与工件相对位置的重要部件，被加工工件的尺寸精度和轮廓精度都受到进给运动的传动精度、灵敏度和稳定性的影响。

一、数控机床进给传动系统的性能特点

1. 运动件的摩擦阻力小

进给传动系统的摩擦阻力一方面会降低传动效率，产生摩擦热；另一方面还直接影响系统的快速响应特性，动、静摩擦阻力之差会产生爬行现象，因此必须有效地减少运动件之间的摩擦阻力。在数控机床进给系统中，普遍采用滚珠丝杠螺母副、静压丝杠螺母副、滚动导轨、静压导轨和塑料导轨等高效执行部件，来减小摩擦阻力，提高运动精度，避免低速爬行。

2. 传动系统的精度和刚度高

数控机床直线运动的定位精度和分辨率都要达到微米级，回转运动的定位精度要达到角秒级。如果传动部件的刚度不足，传动过程中容易产生变形，影响定位精度。因此必须提高进给系统的精度和刚度。

3. 运动部件惯量小

进给系统中传动元件的惯量对伺服机构的启动和制动特性都有直接影响，尤其是高速运转的零部件，其惯性的影响更大。因此，在满足部件强度和刚度的前提下，应尽可能减小运动部件的质量、直径，合理配置零件的结构，以减小运动部件的惯量，提高快速性。

二、滚珠丝杠螺母副

滚珠丝杠螺母副是回转运动与直线运动相互转换的新型传动装置，在数控机床上得到广泛的使用。

1. 工作原理与特点

滚珠丝杠螺母副是一种在丝杠与螺母间装有滚珠作为中间传动元件的丝杠副，其结构原理如图8.12所示。图中丝杠和螺母上都磨有圆弧形的螺旋槽，这两个圆弧形的螺旋槽对合起来就形成螺旋线滚道，在滚道内装有滚珠。当丝杠回转时，滚珠相对于螺母上的滚道滚动，因此丝杠与螺母之间为滚动摩擦。为了防止滚珠从螺母中滚出来，在螺母的螺旋槽两端设有回程引导装置，使滚珠能循环流动。

滚珠丝杠螺母副的特点：

（1）摩擦系数小，传动效率高。比常规的滑动丝杠螺母副效率提高3~4倍，因此伺服电动机所需传动转矩小。

（2）灵敏度高，传动平稳。滚珠丝杠螺母副的动、静摩擦系数相差极小，无论是静止、低速还是高速，摩擦阻力几乎不变。因此传动灵敏，不易产生爬行。

（3）磨损小，使用寿命长。使用寿命主要取决于材料表面的抗疲劳强度。滚珠丝杠螺母副制造精度高，其循环运动比滚动轴承低，所以磨损小，精度保持性好，使用寿命长。

（4）运动具有可逆性，反向定位精度高。不仅可以将旋转运动变为直线运动，也可将直线运动变为旋转运动，通过预紧消除轴向间隙，保证反向无空回死区，从而提高轴向刚度

和反向定位精度。

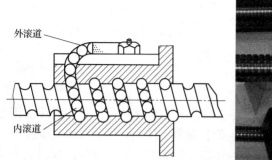

图 8.12　滚珠丝杠螺母副结构

（5）制造工艺复杂，成本高。螺旋槽需要加工成弧形，且对精度和表面粗糙度要求很高，因此制造工艺复杂，成本高。

（6）不能自锁。滚珠丝杠螺母副摩擦阻力小，运动具有可逆性，因而不能自锁，为了避免系统惯性或垂直安装时对运动可能造成的影响，需要增加制动机构。

2. 滚珠丝杠螺母副的结构

滚珠丝杠螺母副按滚珠的循环方式有外循环和内循环两种。

图 8.13 所示为内循环方式，滚珠循环过程中与丝杠始终接触，螺母螺旋槽的两相邻滚道之间由滚珠反向器实现滚珠的循环运动。

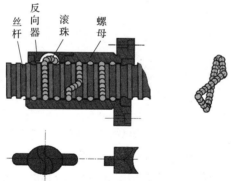

图 8.13　滚珠丝杠螺母副的内循环方式

图 8.14 所示为外循环方式，滚珠在循环反向时，离开丝杠螺纹滚道，在螺母体内或体外做循环运动。

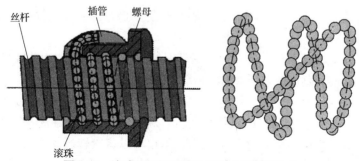

图 8.14　滚珠丝杠螺母副的插管式外循环方式

3. 滚珠丝杠螺母副间隙的调整

滚珠丝杠的传动间隙是轴向间隙。图 8.15 所示的结构通过修磨垫片的厚度来调整轴向间隙，这种调整方法具有结构简单、可靠、刚性好、装卸方便等优点，但调整较费时间，很难在一次修磨中完成调整。

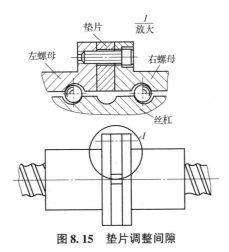

图 8.15　垫片调整间隙

图 8.16 所示为利用两个锁紧螺母来调整螺母的轴向位移以实现预紧的结构，两个螺母靠平键与外套相连，其中右边的螺母外伸部分有螺纹。

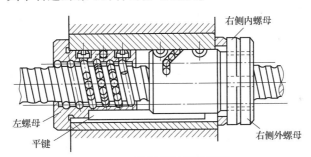

图 8.16　锁紧螺母调整间隙

图 8.17 所示为双螺母齿差式调整间隙结构。在两个螺母的凸缘上各制有圆柱外齿轮，分别与紧固在套筒两端的内齿圈相啮合，其齿数分别为 z_1 和 z_2，并相差一个齿。调整时，先取下内齿圈，让两个螺母相对于套筒同方向都转动一个齿，然后再插入内齿圈，则两个螺母便产生相对角位移轴向位移量 $X = (1/z_1 - 1/z_2)\ P_h$。这种调整方法能精确调整预紧量，调整方便、可靠，但结构尺寸较大，多用于高精度的传动。

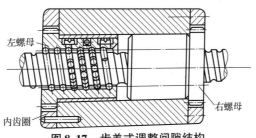

图 8.17　齿差式调整间隙结构

针对任务二的自我评价如表8.3所示。

表8.3　自我评价

知识与技能点	你的理解	掌握程度			
数控机床进给传动系统的特点		😊	😐	😕	🤖
数控机床进给传动系统的组成		😊	😐	😕	🤖
同步齿形带的特点		😊	😐	😕	🤖
滚珠丝杠螺母副的特点及分类		😊	😐	😕	🤖
滚珠丝杠螺母副间隙的调整		😊	😐	😕	🤖

任务三　认识刀库及自动换刀装置

要完成图8.18所示零件的加工，需要几把刀具？认识自动换刀装置的功能。

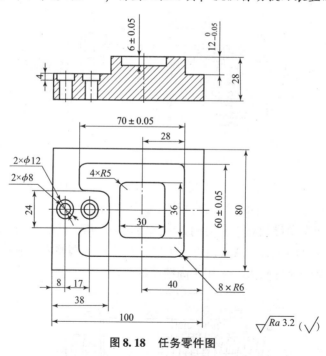

图8.18　任务零件图

数控机床为了能在工件一次装夹中完成多个工序，以缩短辅助时间和减小多次安装工件所引起的误差，通常带有自动换刀系统。自动换刀系统由控制系统和换刀装置组成。控制系统属于数控系统的内容，这里只探讨换刀装置。

一、加工中心刀库

加工中心刀库的形式很多，结构也各不相同，最常用的有盘式刀库和链式刀库。

1. 盘式刀库

盘式刀库结构紧凑、简单，在钻削中心上应用较多。一般存放刀具不超过 32 把。图 8.19 是加工中心的盘式刀库实物。

图 8.19　加工中心的盘式刀库实物

2. 链式刀库

在环形链条上装有许多刀座，刀座的孔中装夹各种刀具，链条由链轮驱动。链式刀库适用于刀库容量较大的场合，且多为轴向取刀。链式刀库有单环链式和多环链式等几种，如图 8.20（a）、（b）所示。当链条较长时，可以增加支承链轮的数目，使链条折叠回绕，提高空间利用率，如图 8.20（c）所示。

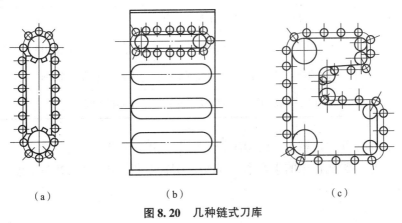

（a）　　　　　　　　　　（b）　　　　　　　　　　（c）

图 8.20　几种链式刀库

二、几种典型换刀过程

自动换刀装置中，实现刀库与主轴间传递和装卸刀具的装置为刀具交换装置。刀具交换方式常有两种。

1. 无机械手换刀

无机械手换刀的方式是利用刀库与机床主轴的相对运动实现刀具交换的，如图 8.21 所示。

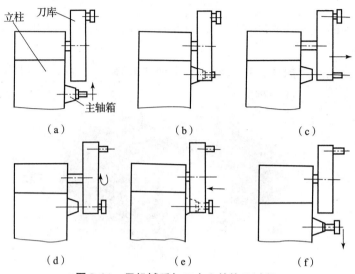

图 8.21　无机械手加工中心的换刀过程

具体过程如表 8.4 所示。

表 8.4　无机械手加工中心的换刀过程

图号	动作内容
图 8.26（a）	主轴准停，主轴箱沿 Z 轴上升，装夹刀具的卡爪打开
图 8.26（b）	刀具定位卡爪钳住，主轴内刀杆自动夹紧装置放松刀具
图 8.26（c）	刀库伸出，从主轴锥孔中将刀拔出
图 8.26（d）	刀库转位，选好的刀具转到最下面位置；压缩空气将主轴锥孔吹净
图 8.26（e）	刀库退回，同时将新刀插入主轴锥孔；刀具夹紧装置将刀杆拉紧
图 8.26（f）	主轴下降到加工位置后启动，开始下一工步的加工

这种换刀机构不需要机械手，结构简单、紧凑。由于交换刀具时机床不工作，所以不会影响加工精度，但会影响机床的生产率。其次受刀库尺寸限制，装刀数量不能太多。这种换刀方式常用于小型加工中心。

2. 机械手换刀

采用机械手进行刀具交换的方式应用最为广泛。这种换刀方式有很大的灵活性，而且可以减少换刀时间。机械手的结构形式是多种多样的，因此换刀运动也有所不同。下面以 TH65100 卧式镗铣加工中心为例说明采用机械手换刀的工作原理。

该机床采用的是链式刀库，位于机床立柱左侧。由于刀库中存放刀具的轴线与主轴的轴线垂直，故机械手需要有 3 个自由度。机械手沿主轴轴线的插拔刀动作由液压缸来实现；

90°的摆动送刀运动及180°的换刀动作分别由液压马达实现。其换刀分解动作如图8.22所示，具体过程如表8.5所示。

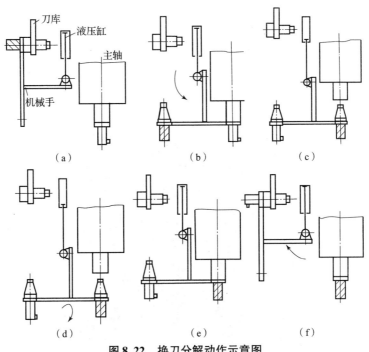

图8.22　换刀分解动作示意图

表8.5　换刀分解动作

图名	动作内容
图2.22（a）	抓刀爪伸出抓住刀库上的待换刀具，刀库刀座上的锁板拉开
图2.22（b）	机械手带着待换刀具按逆时针方向转90°，另一抓刀爪抓住主轴上的刀具，主轴将刀杆松开
图2.22（c）	机械手前移，将刀具从主轴锥孔内拔出
图2.22（d）	机械手后退，将新刀具装入主轴，主轴将刀具锁住
图2.22（e）	抓刀爪缩回，松开主轴上的刀具；机械手按顺时针转90°，将刀具放回刀库的相应刀座上，刀库上的锁板合上
图2.22（f）	抓刀爪缩回，松开刀库上的刀具，恢复到原始位置

针对任务三的自我评价如表8.6所示。

表8.6　自我评价

知识与技能点	你的理解	掌握程度			
加工中心常见刀库的种类		😊	😐	😕	😣
无机械手换刀和机械手换刀的特点		😊	😐	😕	😣

任务四 认识数控机床辅助装置

加工图 8.23 所示零件需要几个坐标轴，如何实现？

图 8.23 任务零件

一、数控机床导轨

1. 对导轨的基本要求

机床导轨是起导向及支承作用的，它的精度、刚度及结构形式等对机床的加工精度和承载能力有直接影响。为了保证数控机床具有较高的加工精度和较大的承载能力，要求其导轨具有较高的导向精度、足够的刚度、良好的耐磨性、良好的低速运动平稳性，同时应尽量使导轨结构简单，便于制造、调整和维护。

2. 导轨的分类

数控机床常用的导轨按其接触面间摩擦性质的不同可分为滑动导轨和滚动导轨。

1）滑动导轨

在数控机床上常用的滑动导轨有液体静压导轨、气体静压导轨和贴塑导轨。

（1）液体静压导轨。在两导轨工作面间通入具有一定压力的润滑油，形成静压油膜，使导轨工作面间处于纯液态摩擦状态，其摩擦系数极低，多用于进给运动导轨。

（2）气体静压导轨。在两导轨工作面间通入具有恒定压力的气体，使两导轨面均匀分离，以得到高精度的运动。这种导轨摩擦系数小，不易引起发热变形，但会因空气压力波动而使空气膜发生变化，且承载能力小，故常用于负荷不大的场合。

（3）贴塑导轨。在动导轨的摩擦表面上贴上一层由塑料等其他化学材料组成的塑料薄膜软带，其优点是导轨面的摩擦系数低，且动、静摩擦系数接近，不易产生爬行现象；塑料的阻尼性能好，具有吸收振动能力，可减小振动和噪声；耐磨性、化学稳定性、可加工性能好；工艺简单、成本低。

2）滚动导轨

滚动导轨的最大优点是摩擦系数很小，一般为 0.002 5～0.005，比贴塑导轨还小很多，且动、静摩擦系数很接近，因而运动轻便灵活，在很低的运动速度下都不出现爬行，低速运动平稳性好，位移精度和定位精度高。

滚动导轨的缺点是抗振性差，结构比较复杂，制造成本较高。

二、回转工作台

加工中心常用的回转工作台有分度工作台（如图 8.24 所示）和数控回转工作台（如图 8.25 所示）。分度工作台的功用是将工件转位换面，和自动换刀装置配合使用，工件一次安装能实现几个面的加工；而数控回转工作台除了分度和转位的功能，还能实现圆周进给运动。

图 8.24　数控分度工作台

图 8.25　数控回转工作台

1. 分度工作台

功能：实现分度运动。

应用：一次安装能完成几个面的多工序工件的加工。

特点：分度、转位和定位工作是按照控制系统的指令自动地进行的，每次转位回转一定的角度（30°、45°、90°、180°等），有定位元件。

常用定位元件：插销定位、反靠定位、齿盘定位和钢球定位等。

2. 数控回转工作台

功能：实现数控圆周进给、分度。

应用：加工圆弧、与直线联动加工曲面。

特点：圆周进给时，与直线进给驱动一样，接收圆周进给指令；分度时，接收控制系统的脉冲数进行分度转位，无定位元件。数控回转工作台可以实现圆周进给运动，还可以完成分度运动。

1）开环数控回转工作台

如图 8.26 所示，步进电动机 3 由输出轴上的齿轮 2 与齿轮 6 相啮合，由偏心环 1 来消除齿轮间的啮合间隙；齿轮 6 与蜗杆 4 用花键结合，花键的接合间隙应尽量小，以减少对分度精度的影响。蜗杆 4 为双导程蜗杆，可以用轴向移动蜗杆的方法来消除蜗杆 4 和蜗轮 15 的啮合间隙。调整时，只需将调整环的厚度改变，便可以使蜗杆沿着轴向移动。

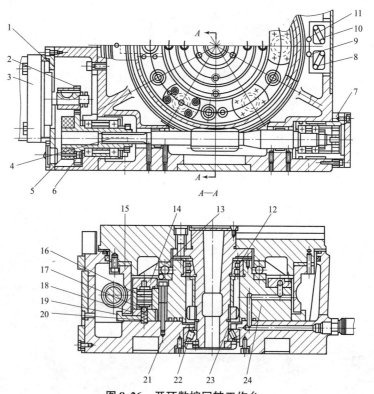

图 8.26　开环数控回转工作台

1—偏心环；2，6—齿轮；3—步进电动机；4—蜗杆；5—垫圈；7—调整环；8，10—微动开关；

9，11—挡块；12，13—轴承；14—液压缸；15—蜗轮；16—柱塞；17—钢球；18，19—夹紧瓦；

20—弹簧；21—底座；22—圆锥滚子轴承；23—调整套；24—支座

蜗杆 4 的左右两端都由双列滚针轴承支承。左端为自由端，可以伸缩，以消除温度变化的影响；右端装有角接触球轴承，承受蜗杆的轴向力。蜗轮 15 下部的内外面装有夹紧瓦 18 和 19，底座 21 上固定支座 24，均布着 6 个液压缸 14。当工作台不回转时，夹紧液压缸 14 的上腔通压力油，使柱塞 16 向下运动，通过钢球 17、夹紧瓦 18、夹紧瓦 19 将蜗轮 15 夹紧；当工作台需要回转时，数控系统发出指令，使夹紧液压缸 14 上腔回油，在弹簧 20 的作用下，钢球 17 抬起，夹紧瓦 18 及 19 松开蜗轮 15，柱塞 16 到上位发出信号，功率步进电动机启动并按指令脉冲的要求驱动数控转台实现圆周进给运动。当转台做圆周分度运动时，先分度回转再夹紧蜗轮，以保证定位的可靠，并提高承受负载的能力。

2）闭环数控回转工作台

闭环数控回转工作台含有反馈装置，如图 8.27 所示，其工作过程如下：当数控转台接到数控系统指令后，首先松开蜗轮 10，然后启动马达 1，按指令脉冲来确定工作台的回转方向、速度及角度大小等参数。工作台的运动由马达 1 驱动，经齿轮 3 和 4 带动蜗杆 10，通过蜗轮 11 使工作台回转。为了尽量消除传动间隙和反向间隙，齿轮 3 和齿轮 4 相啮合的侧隙是靠调整偏心环 2 来消除的。齿轮 4 与蜗杆 10 是靠销钉 5（A—A 剖面）来连接的，这种连接方式能消除轴与套的配合间隙。为了消除蜗杆副的传动间隙，采用了双螺距渐厚蜗杆，通过移动蜗杆的轴向位置来调整间隙。这种蜗杆的左右两侧面具有不同的螺距，因此蜗杆齿厚从一端向另一端逐渐增厚。但由于同一侧的螺距是相同的，所以仍然保持着正常的啮合。调整时先松开套筒 7 上的锁紧螺钉 8，使锁紧瓦 6 与调整套松开，同时将销钉 5 松开，然后转动调整套，带动蜗杆 10 做轴向移动。根据设计要求，蜗杆有 10 mm 的轴向移动调整量，这时蜗杆副的侧隙可调整 0.2 mm。调整后锁紧调整套和销钉 5。蜗杆的左右两端都由双列滚针轴承支承，左端为自由端，可以伸长以消除温度变化的影响；右端装有双列推力轴承，能轴向定位。

当工作台静止时必须处于锁紧状态。工作台面用沿其圆周方向分布的 8 个夹紧液压缸进行夹紧。当工作台不回转时，夹紧液压缸 14 的上腔通压力油，使活塞 15 向下运动，通过钢球 17、夹紧瓦 13 及 12 将蜗轮 11 夹紧；当工作台需要回转时，数控系统发出指令，使夹紧液压缸 14 上腔回油，在弹簧 16 的作用下，钢球 17 抬起，夹紧瓦 12 及 13 松开蜗轮 11，然后电液脉冲马达 1 通过传动装置，使蜗轮和回转工作台按照控制系统的指令做回转运动。

数控回转工作台设有零点，当它做返回零点运动时，首先由安装在蜗轮上的撞块 22 碰撞限位开关，使工作台减速；再通过感应块 23 和无触点开关，使工作台准确地停在零点位置上。

该数控工作台可做任意角度的回转和分度，由光栅 19 进行读数控制，工作台的分度精度可达 ±10″。

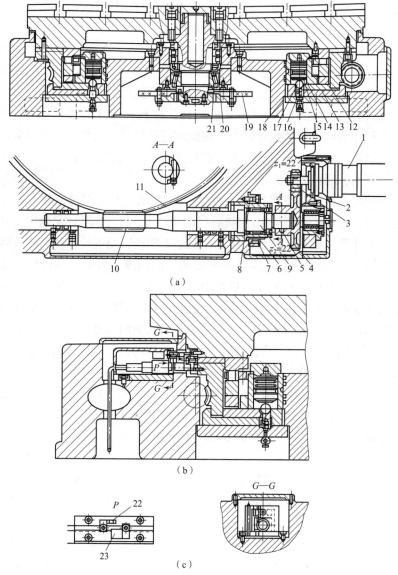

图 8. 27　闭环数控回转工作台

1—电液脉冲马达；2—偏心环；3—主动齿轮；4—从动齿轮；5—销钉；6—锁紧瓦；7—套筒；
8—螺钉；9—丝杆；10—蜗杆；11—蜗轮；12，13—夹紧瓦；14—液压缸；15—活塞；
16—弹簧；17—钢球；18—底座；19—光栅；20，21—轴承；22—撞块；23—感应块

针对任务四的自我评价如表8.7所示。

表 8. 7　自我评价

知识与技能点	你的理解	掌握程度			
数控机床导轨的基本要求		☺	☺	☺	☺
滚动导轨和滑动导轨的特点		☺	☺	☺	☺
数控分度工作台和回转工作台的区别		☺	☺	☺	☺

附　录

附录 A　金属切削机床类、组划分表

类别＼组别	0	1	2	3	4	5	6	7	8	9
车床	仪表小型车床	单轴自动车床	多轴自动、半自动车床	回轮、转塔车床	曲轴及凸轮轴车床	立式车床	落地及卧式车床	仿形及多刀车床	轮、轴、辊、锭及铲齿车床	其他车床
钻床		坐标镗钻床	深孔钻床	摇臂钻床	台式钻床	立式钻床	卧式钻床	铣钻床	中心孔钻床	其他钻床
镗床			深孔镗床		坐标镗床	立式镗床	卧式铣镗床	精镗床	汽车拖拉机修理用镗床	其他镗床
磨床　M	仪表磨床	外圆磨床	内圆磨床	砂轮机	坐标磨床	导轨磨床	刀具刃磨床	平面及端面磨床	曲轴、凸轮轴、花键轴及轧辊磨床	工具磨床
磨床　2M		超精机	内圆珩磨机	外圆及其他珩磨机	抛光机	砂带抛光及磨削机床	刀具刃磨床及研磨机床	可转位刀片磨削机床	研磨机	其他磨床

续表

类别 组别	0	1	2	3	4	5	6	7	8	9
磨床 3M		球轴承套圈沟磨床	滚子轴承套圈滚道磨床	轴承套圈超精机		叶片磨削机床	滚子加工机床	钢球加工机床	气门、活塞及活塞环磨削机床	汽车、拖拉机修磨机床
齿轮加工机床	仪表齿轮加工机		锥齿轮加工机	滚齿及铣齿机	剃齿及珩齿机	插齿机	花键轴铣床	齿轮磨齿机	其他齿轮加工机	齿轮倒角及检查机
螺纹加工机床				套丝机	攻丝机		螺纹铣床	螺纹磨床	螺纹车床	
铣床	仪表铣床	悬臂及滑枕铣床	龙门铣床	平面铣床	仿形铣床	立式升降台铣床	卧式升降台铣床	床身铣床	工具铣床	其他铣床
刨插床		悬臂刨床	龙门刨床			插床	牛头刨床	边缘及模具刨床	其他刨床	
拉床			侧拉床	卧式外拉床	连续拉床	立式内拉床	卧式内拉床	立式外拉床	键槽、轴瓦及螺纹拉床	其他拉床
锯床			砂轮片锯床		卧式带锯床	立式带锯床	圆锯床	弓锯床	锉锯床	
其他机床	其他仪表机床	管子加工机床	木螺钉加工机		刻线机	切断机	多功能机床			

附录 B　通用机床组、系代号及主参数

类	组	系	机床名称	主参数折算系数	主参数
车床	1	1	单轴纵切自动车床	1	最大棒料直径
	1	2	单轴横切自动车床	1	最大棒料直径
	1	3	单轴转塔自动车床	1	最大棒料直径
	2	1	多轴棒料自动车床	1	最大棒料直径
	2	2	多轴卡盘自动车床	1/10	卡盘直径
	2	6	立式多轴半自动车床	1/10	最大车削直径
	3	0	回轮车床	1	最大棒料直径
	3	1	滑鞍转塔车床	1/10	卡盘直径
	3	3	滑枕转塔车床	1/10	卡盘直径
	4	1	曲轴车床	1/10	最大工件回转直径
	4	6	凸轮轴车床	1/10	最大工件回转直径
	5	1	单柱立式车床	1/100	最大车削直径
	5	2	双柱立式车床	1/100	最大车削直径
	6	0	落地车床	1/100	最大工件回转直径
	6	1	卧式车床	1/10	床身上最大回转直径
	6	2	马鞍车床	1/10	床身上最大回转直径
	6	4	卡盘车床	1/10	床身上最大回转直径
	6	5	球面车床	1/10	刀架上最大回转直径
	7	1	仿形车床	1/10	刀架上最大车削直径
	7	5	多刀车床	1/10	刀架上最大车削直径
	7	6	卡盘多刀车床	1/10	刀架上最大车削直径
	8	4	轧辊车床	1/10	最大工件直径
	8	9	铲齿车床	1/10	最大工件直径
	9	0	落地镗车床	1/10	最大工件回转直径
	9	3	气缸套镗车床	1/10	床身上最大回转直径
	9	7	活塞环车床	1/10	最大车削直径
钻床	1	3	立式坐标镗钻床	1/10	工作台面宽度
	2	1	深孔钻床	1/10	最大钻孔直径
	3	0	摇臂钻床	1	最大钻孔直径

类	组	系	机床名称	主参数折算系数	主参数
钻床	3	1	万向摇臂钻床	1	最大钻孔直径
	4	0	台式钻床	1	最大钻孔直径
	5	0	圆柱立式钻床	1	最大钻孔直径
	5	1	方柱立式钻床	1	最大钻孔直径
	5	2	可调多轴立式钻床	1	最大钻孔直径
	8	1	中心孔钻床	1/10	最大工件直径
	8	2	平端面中心孔钻床	1/10	最大工件直径
	9	1	数控印刷板钻床	1	最大钻孔直径
	9	2	数控印刷板铣钻床	1	最大钻孔直径
镗床	4	1	立式单柱坐标镗床	1/10	工作台面宽度
	4	2	立式双柱坐标镗床	1/10	工作台面宽度
	4	3	卧式单柱坐标镗床	1/10	工作台面宽度
	4	4	卧式双柱坐标镗床	1/10	工作台面宽度
	6	1	卧式镗床	1/10	镗轴直径
	6	2	落地镗床	1/10	镗轴直径
	6	3	卧地铣镗床	1/10	镗轴直径
	6	9	落地铣镗床	1/10	镗轴直径
	7	0	单面卧式精镗床	1/10	工作台面宽度
	7	1	双面卧式精镗床	1/10	工作台面宽度
	7	2	立式精镗床	1/10	最大镗孔直径
	9	0	卧式电机座镗床	1/10	最大镗孔直径
磨床	0	4	抛光机		
	0	6	刀具磨床		
	1	0	无心外圆磨床	1	最大磨削直径
	1	3	外圆磨床	1/10	最大磨削直径
	1	4	万能外圆磨床	1/10	最大磨削直径
	1	5	宽砂轮外圆磨床	1/10	最大磨削直径
	1	6	端面外圆磨床	1/10	最大回转直径
	2	1	内圆磨床	1/10	最大磨削直径
	2	5	立式行星内圆磨床	1/10	最大磨削直径
	3	0	落地砂轮机	1/10	最大砂轮直径
	5	0	落地导轨磨床	1/100	最大磨削宽度

类	组	系	机床名称	主参数折算系数	主参数
钻床	5	2	龙门导轨磨床	1/100	最大磨削宽度
	6	0	万能工具磨床	1/10	最大回转直径
	6	3	钻头刃磨床	1	最大刃磨钻头直径
	7	1	卧轴矩台平面磨床	1/10	工作台面宽度
	7	3	卧轴圆台平面磨床	1/10	工作台面直径
	7	4	立轴圆台平面磨床	1/10	工作台面直径
	8	2	曲轴磨床	1/10	最大回转直径
	8	3	凸轮轴磨床	1/10	最大回转直径
	8	6	花键轴磨床	1/10	最大磨削直径
	9	0	曲线磨床	1/10	最大磨削长度
齿轮加工机床	2	0	弧齿锥齿轮磨齿机	1/10	最大工件直径
	2	2	弧齿锥齿轮铣齿机	1/10	最大工件直径
	2	3	直齿锥齿轮刨齿机	1/10	最大工件直径
	3	1	滚齿机	1/10	最大工件直径
	3	6	卧式滚齿机	1/10	最大工件直径
	4	2	剃齿机	1/10	最大工件直径
	4	6	珩齿机	1/10	最大工件直径
	5	1	插齿机	1/10	最大工件直径
	6	0	花键轴铣床	1/10	最大铣削直径
	7	0	碟形砂轮磨齿机	1/10	最大工件直径
	7	1	锥形砂轮磨齿机	1/10	最大工件直径
	7	2	蜗杆砂轮磨齿机	1/10	最大工件直径
	8	0	车齿机	1/10	最大工件直径
	9	3	齿轮倒角机	1/10	最大工件直径
	9	9	齿轮噪声检查机	1/10	最大工件直径
螺纹加工机床	3	0	套丝机	1	最大套丝直径
	4	8	卧式攻丝机	1/10	最大攻丝直径
	6	0	丝杠铣床	1/10	最大铣削直径
	6	2	短螺纹铣床	1/10	最大铣削直径
	7	4	丝杠磨床	1/10	最大工件直径
	7	5	万能螺纹磨床	1/10	最大工件直径
	8	6	丝杠车床	1/10	最大工件直径
	8	9	多头螺纹车床	1/10	最大车削直径

类	组	系	机床名称	主参数折算系数	主参数
铣床	2	0	龙门铣床	1/100	工作台面宽度
	3	0	圆台铣床	1/10	工作台面宽度
	4	3	平面仿形铣床	1/10	最大铣削宽度
	4	4	立体仿形铣床	1/10	最大铣削宽度
	5	0	立式升降台铣床	1/10	工作台面宽度
	6	0	卧式升降台铣床	1/10	工作台面宽度
	6	1	万能升降台铣床	1/10	工作台面宽度
	7	1	床身铣床	1/100	工作台面宽度
	8	1	万能工具铣床	1/10	工作台面宽度
	9	2	键槽铣床	1	最大键槽宽度
刨插床	1	0	悬臂刨床	1/100	最大刨削宽度
	2	0	龙门刨床	1/100	最大刨削宽度
	2	2	龙门铣磨刨床	1/100	最大刨削宽度
	5	0	插床	1/10	最大插削长度
	6	0	牛头刨床	1/10	最大刨削长度
	8	8	模具刨床	1/10	最大刨削长度
拉床	3	1	卧式外拉床	1/10	额定拉力
	4	3	连续拉床	1/10	额定拉力
	5	1	立式内拉床	1/10	额定拉力
	6	1	卧式内拉床	1/10	额定拉力
	7	1	立式外拉床	1/10	额定拉力
	9	1	汽缸体平面拉床	1/10	额定拉力
锯床	2	2	卧式砂轮片锯床	1/10	最大锯削直径
	2	4	摆动式砂轮片锯床	1/10	最大锯削直径
	5	1	立式带锯床	1/10	最大锯削厚度
	6	0	卧式圆锯床	1/100	最大圆锯片直径
	7	1	夹板卧式弓锯床	1/10	最大锯削直径
其他机床	1	6	管接头螺纹车床	1/10	最大加工直径
	2	1	木螺钉螺纹加工机	1	最大工件直径
	4	0	圆刻线机	1/100	最大加工直径
	4	1	长刻线机	1/100	最大加工长度

附录 C　机构运动简图符号

名称	分类		基本符号	可用符号	备注
齿轮	不指明齿线	圆柱齿轮			
		锥齿轮			
		挠性齿轮			
	齿线符号圆柱齿轮	直齿			
		斜齿			
		人字齿			
	齿线符号锥齿轮	直齿			
		斜齿			
		人字齿			
齿轮传动	圆柱齿轮				
	锥齿轮				
	蜗轮与蜗杆				

名称	分类	基本符号	可用符号	备注
齿轮传动	螺旋齿轮			
齿条传动	一般表示			
	蜗线齿条与蜗杆			
	齿条与蜗杆			
扇形齿轮传动				
圆柱凸轮				
外啮合槽轮机构				
联轴器	一般符号（不指明类型）			
	固定联轴器			
	弹性联轴器			
离合器	啮合式离合器单向式			
	啮合式离合器双向式			
	摩擦离合器单向式			

续表

名称	分类	基本符号	可用符号	备注
离合器	摩擦离合器 双向式	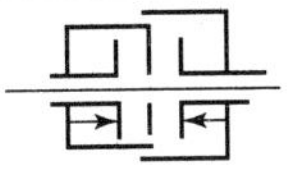	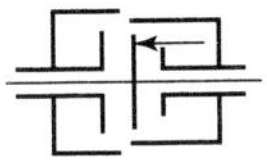	对于啮合式离合器、摩擦离合器、液压离合器、电磁离合器和制动器，当需要表明操纵方式时，可使用下列符号： M——机动 H——液压 P——气动 E——电动（如电磁）
	液压离合器（一般符号）	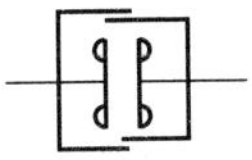		
	电磁离合器	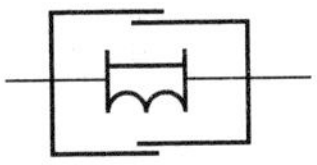		
	离心摩擦离合器	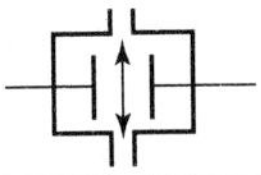		
	超越离合器	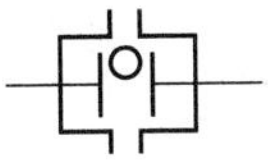		
	安全离合器 带有易损元件	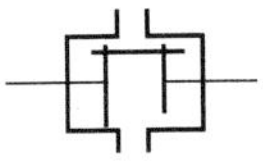		
	安全离合器 无易损元件	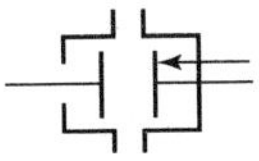		
制动器	一般符号	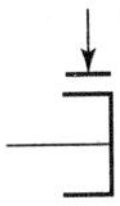		不规定制动器外观
螺杆传动	螺体螺母	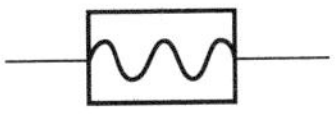		
	开合螺母	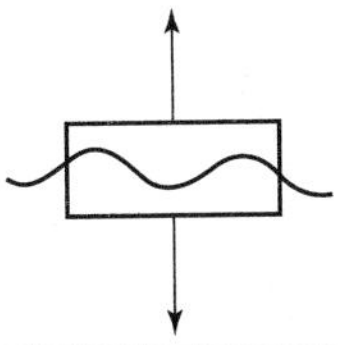	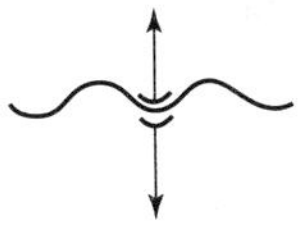	
	滚珠螺母			
	带传动 一般符号（不指明类型）	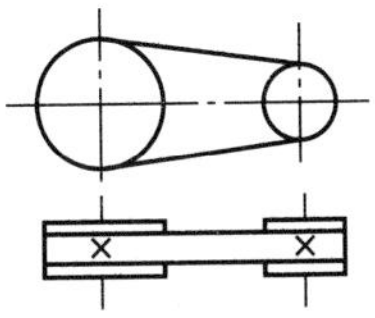		若需指明皮带类型可采用下列符号： V带 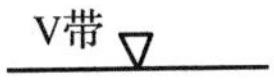 圆形带  同步齿形带 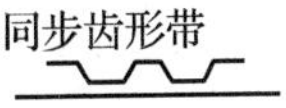 平皮带  例：V带传动 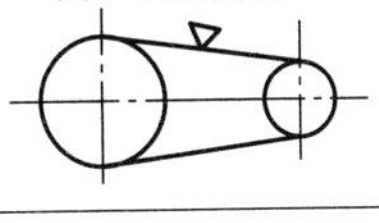

133

名称	分类	基本符号	可用符号	备注
链传动 一般符号（不指明类型）				环形链 滚子链 无声链 例：无声链传动
向心轴承	滑动轴承			
	滚动轴承			
推力轴承	单向推力 滑动轴承			
	双向推力 滑动轴承			
	推力滚动轴承			
向心推力轴承	单向向心推力 滑动轴承			
	双向向心推力 滑动轴承			
	向心推力 滚动轴承			

附录 D　滚动轴承图示符号

轴承类型	图示符号	轴承类型	图示符号
深沟球轴承	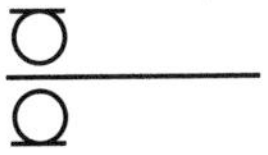	推力球轴承	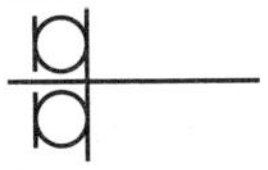
调心球轴承（双列）	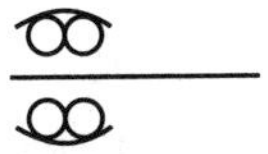	推力球轴承（双向）	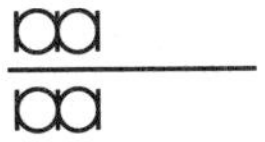
角接触球轴承	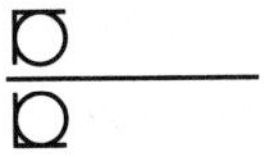	圆锥滚子轴承	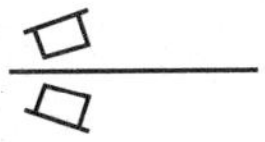
圆柱滚子轴承（内圈无挡边）	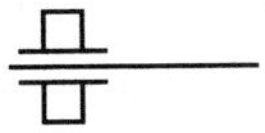	圆锥滚子轴承（双列）	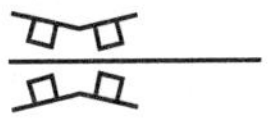
滚针轴承（内圈无挡边）	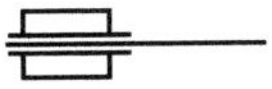		

参 考 文 献

[1] 张普礼. 机械加工设备 ［M］. 北京：机械工业出版社，2016.

[2] 顾维邦. 金属切削机床概论 ［M］. 北京：机械工业出版社，2017.

[3] 戴曙. 金属切削机床 ［M］. 北京：机械工业出版社，2017.

[4] 夏凤芳. 数控机床 ［M］. 北京：高等教育出版社，2014.

[5] 于涛，武洪恩. 数控技术与数控机床 ［M］. 北京：清华大学出版社，2019.

[6]《机床设计手册》编写组. 机床设计手册（3）［M］. 北京：机械工业出版社，1986.

[7] 闻邦椿. 实用机械设计手册 ［M］. 北京：机械工业出版社，2018.

[8] 恽达明. 金属切削机床 ［M］. 北京：机械工业出版社，2013.